中等职业教育国家规划教材 （修订版）

全国中等职业教育教材审定委员会审定

液压与气动

（智能设备运行与维护专业）

第2版

主　编	周大勇
副主编	陶永德　冉美权　陈　霖
参　编	张圣锋　姚　武　廖开喜　方海燕
	余昌武　张冬泉　袁秋芹　阳文涛
主　审	李　虎　高　萍

机械工业出版社

本书是中等职业教育智能设备运行与维护专业的规划教材，根据现阶段中等职业学校智能设备运行与维护专业《液压与气动课程标准》的要求编写而成。全书分液压传动和气压传动两大部分，共七个单元。

本书以应用为主线，以实用、够用为原则，在介绍液压与气动基本知识的前提下，结合企业生产实际和专业特点，增加了部分新型液压、气动元件及其应用的知识，强调了常用液压、气动元件的结构原理和典型回路及系统，并介绍了液压系统的故障诊断及排除方法。

本书教育教学理念新、综合实用性强、专业匹配性好、体系新颖、内容少而精，采用现行国家标准，习题单独成册，配套了丰富的多媒体课件、微课等数字化教学资源，学生学习更高效，教师教学更方便。

本书可作为中职和技工院校机电类与机械类专业的教材，也可作为高职院校相关专业的教材，还可作为从事与液压、气动相关工作的企业技术工人的培训教材和技术参考书。

为方便教学，选用本书的教师可登录机械工业出版社教育服务网（www.cmpedu.com）注册、免费下载相关资源。

图书在版编目（CIP）数据

液压与气动/周大勇主编. —2 版（修订本）. —北京：机械工业出版社，2022.4（2025.8 重印）

中等职业教育国家规划教材　全国中等职业教育教材审定委员会审定

ISBN 978-7-111-70348-8

Ⅰ.①液…　Ⅱ.①周…　Ⅲ.①液压传动-中等专业学校-教材②气压传动-中等专业学校-教材　Ⅳ.①TH137②TH138

中国版本图书馆 CIP 数据核字（2022）第 043089 号

机械工业出版社（北京市百万庄大街 22 号　邮政编码 100037）
策划编辑：汪光灿　　　　　责任编辑：汪光灿　王海霞
责任校对：张　征　刘雅娜　责任印制：张　博
北京机工印刷厂有限公司印刷
2025 年 8 月第 2 版第 4 次印刷
184mm×260mm · 11.75 印张 · 284 千字
标准书号：ISBN 978-7-111-70348-8
定价：39.80 元

电话服务　　　　　　　　　　网络服务
客服电话：010-88361066　　机　工　官　网：www.cmpbook.com
　　　　　010-88379833　　机　工　官　博：weibo.com/cmp1952
　　　　　010-68326294　　金　书　网：www.golden-book.com
封底无防伪标均为盗版　　机工教育服务网：www.cmpedu.com

第 2 版前言

随着科技的进步,液压与气动行业飞速发展,液压与气动的学习内容也发生了变化。为了更好地适应职业教育教学改革的需求,根据现阶段中等职业学校智能设备运行与维护专业《液压与气动课程标准》的要求,我们在保持原书一些优点的基础上对第 1 版进行了修订。

本书是中等职业教育智能设备运行与维护专业的规划教材,主要特点如下:

一是体现新理念。本书遵循技能人才成长规律和职业教育教学规律,注重学生综合职业能力的培养和终身发展,突出"学生中心、能力本位"新理念,以实际岗位应用为主线,以实用、够用为原则,编写理念更先进。

二是执行现行标准。本书按最新专业教学标准和课程标准要求,对内容进行了梳理,严格贯彻安全生产和环保方面的要求,旨在培养学生的安全、环保等职业素养,并全面更新了书中所涉及的国家标准,如 GB/T 7631.1—2008、GB/T 786.1—2009、GB/T 17446—2012等,全书图形和用词更规范。

三是融入新内容。本书在编写过程中注意吸收本行业的最新科技成果,充实了液压与气动方面的新内容,力求使其具有较鲜明的时代特征,使本书与时代和技术发展更贴近,如增加了新型液压、气动元件及其应用技术,对主要产品的型号、结构及应用都进行了更新,体现了行业的技术发展,本书内容与时俱进;突出了常用液压、气动元件的工作原理、结构组成及典型回路、系统的原理与应用,删减了一些不必要的理论阐述和公式推导,重点内容更突出。

四是运用新媒体。本书使用了大量的图片、表格等,使抽象的知识内容生动化、形象化。为满足数字化时代学生自主学习、碎片化和系统化学习的需求,激发学生的学习兴趣,制作出配套的微课资源,以二维码形式植入书中,并配有多媒体课件、习题、考试试卷及答案等立体化教学资源供读者使用,学生学习更高效,教师教学更方便。

本书可作为中职和技工院校机电类与机械类专业的教材,也可作为高职院校相关专业的教材,还可作为从事与液压、气动相关工作的企业技术工人的培训教材和技术参考书。

本书由周大勇任主编,陶永德、冉美权、陈霖任副主编,张圣锋、姚武、廖开喜、方海燕、余昌武、张冬泉、袁秋芹、阳文涛参加了本书的编写。本书由李虎、高萍担任主审。

本书采用的图例是从全国众多液压、气动书籍上选取的,在编写及制作教学资源过程中,也参考和选用了网络上的大量资料,同时得到了亚龙智能装备集团股份有限公司等单位的大力支持和帮助,编者在此向他们致谢。

提高教材质量,更好地服务读者,是我们坚持不懈的追求,这其中离不开读者们的支持和帮助。欢迎广大读者多提宝贵意见,您的意见和建议是我们不断改进与提高教材质量的源泉。

编　者

第1版前言

本书是中等职业教育机械设备安装与维修专业的规划教材，其内容包括两大部分：液压传动、气压传动，共七章。

根据中等职业教育的特点，本书在编写过程中，注意了以应用为主线，以实用、够用为原则，在介绍基本知识的前提下，密切结合生产实际和专业特点，强调了常用液压、气动元件的结构原理和典型回路及系统的工作原理，同时还在第七章中专门介绍了典型液压元件和系统的常见故障诊断及排除方法。学生通过本书的学习后，可具备液压、气动的基础知识及调试、维护的基本技能，并为后续学习打下基础。

本书也可作为从事液压、气动技术工作的工程技术人员、修理人员的参考用书及培训教材。

本书由重庆工业职业技术学院龚奇平（第三章第一节、第七章）、常州机械学校陶永德（第四章、第七章）、常州机械学校吴正勇（第五章、第六章）、重庆工业职业技术学院王崇秋（第一章、第二章、第三章第一节）、张家界航空工业学校赵学清（第三章第二、三、四节）编写。龚奇平任主编，陶永德任副主编。

本书由四川工程职业技术学院赵长旭任主审。参加审稿会的有：江苏理工大学李锦飞副教授、张家界航空工业学校刘坚高级讲师、东风汽车公司刘文芳、镇江职教中心徐冬元、德阳安装工程学校黄国雄、常州机械学校居耀成、许朝山等。

本书采用的图例是从全国众多的液压、气动书上选取的，编者在此向他们致谢。

由于编者经验不足，水平有限，书中定有不少错漏之处，恳请读者予以批评指正。

编　者
2001 年 11 月

二维码索引

目　　录

单元一　液压与气压传动的认识

内容构架

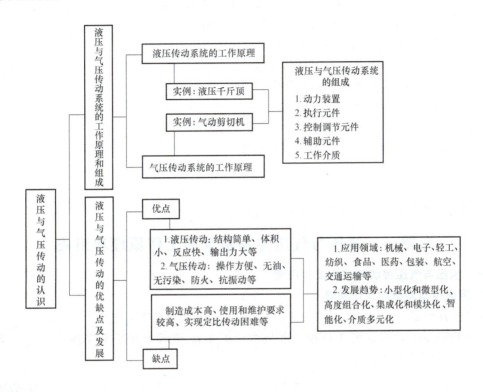

学习引导

机器中常用的传动方式有机械传动、电气传动、液压传动和气压传动等。液压与气压传动技术是机电设备中发展速度最快的技术之一，也是应用较为广泛的传动方式之一，该技术是实现工业自动化的一种重要手段。随着机电一体化技术的发展，液压与气压传动技术与微电子、计算机技术相结合，特别是与 PLC 控制等技术紧密结合，构成气-液、电-液（气）、机-液（气）等联合传动方式，简化了控制系统，使液压与气压传动技术的发展和应用又进入了一个崭新的阶段。

液压传动是以液体为工作介质来传递能量的一种传动形式，如液压机、推土机等工作时的传动。

气压传动（简称气动）是以压缩空气为工作介质来传递能量的一种传动形式，如风钻、射钉枪、气动机械手等工作时的传动。

液压与气压传动是利用流体作为工作介质，进行能量传递和控制的一种传动形式。它们通过各种元件组成具有不同功能的基本回路，再由若干基本回路有机地结合成能完成一定控制功能的传动系统，以满足机电设备对各种运动和动力的要求，实现其功能的轻巧化、科学化和最大化。

本单元分别以液压千斤顶、气动剪切机以例，介绍液压与气压传动系统的工作原理和组成，分析液压与气压传动的主要优缺点、应用和发展。

【目标与要求】

➢ 1. 能分析液压千斤顶、气动剪切机的工作原理。

➢ 2. 能归纳并总结液压与气压传动系统的基本结构组成。

➢ 3. 能正确认识液压与气压传动系统的图形符号。

➢ 4. 能准确分析液压与气压传动的优缺点。

➢ 5. 能举例说明液压与气压传动的应用。

➢ 6. 能叙述液压与气压传动技术的发展。

【重点与难点】

重点：

● 1. 液压与气压传动系统的基本结构组成。

● 2. 液压与气压传动的优缺点。

难点：

● 液压与气压传动系统的工作原理及图形符号。

课题一　液压与气压传动系统的工作原理和组成

一、液压与气压传动系统的工作原理

1. 液压传动系统的工作原理

液压千斤顶是一种常用的起重设备，广泛应用在日常生活和生产中。下面以液压千斤顶为例，介绍液压传动系统的工作原理和组成。图 1-1a 所示为液压千斤顶的结构示意图，图 1-1b 所示为其实物图。

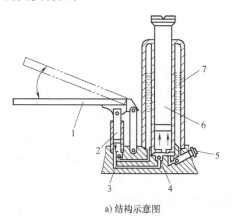

液压千斤顶的结构及工作原理

a) 结构示意图　　　　　　　　　　　　　b) 实物图

图 1-1　液压千斤顶

1—杠杆　2—小活塞　3—吸油单向阀　4—排油单向阀　5—回油阀（截止阀）　6—大活塞　7—油箱

液压千斤顶的工作原理：首先关闭回油阀（截止阀）5，然后摆动杠杆 1，使小活塞 2不断上下运动从油箱 7 中吸油，再把油压入大活塞 6 下面的容腔内，使大活塞 6 不断上升，

逐渐将重物举起，如图 1-2 所示。在此过程中，回油阀（截止阀）5 一直是关闭的；打开回油阀（截止阀）5 之后，大活塞 6 将在自重和外力的作用下实现回程。小活塞 2 是该系统的原动件，相当于一个单柱塞泵；大活塞 6 是执行元件，相当于液压缸；排油单向阀 4 的作用是保证油液沿箭头所指方向流动，反方向截止，是一个控制元件。**由于大、小活塞的面积是按一定的倍数关系设计的，因此只需在杠杆 1 的手柄上作用较小的力，就能把较大的重物顶起来。**

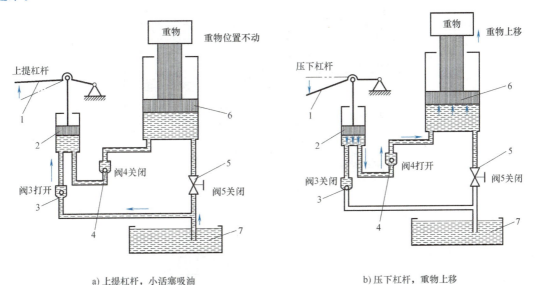

a) 上提杠杆，小活塞吸油　　　　　　　　b) 压下杠杆，重物上移

图 1-2　液压千斤顶的工作原理

1—杠杆　2—小活塞　3—吸油单向阀　4—排油单向阀　5—回油阀（截止阀）　6—大活塞　7—油箱

2. 气压传动系统的工作原理

图 1-3 所示为气动剪切机的工作原理，图示位置为剪切前的预备工作状态。回路为：空气压缩机 1 产生的压缩空气→冷却器 2→油雾分离器 3（降温和初步净化）→储气罐 4（备用）→手动排水过滤器 5（再次净化）→减压阀 6→油雾器 7→换向阀 9→气缸 10 下腔。此时换向阀 9A 腔中的压缩空气将阀芯推到上位，使气缸上腔充压，活塞处于下位，剪切机的剪口张开，处于预备工作状态。

当工料 11 由上料装置（图中未画出）送入剪切机并到达规定位置，工料 11 将行程阀 8 的（阀芯向右推动）按钮压下后，换向阀 9 的 A 腔通过行程阀 8 与大气相通，A 腔中的压缩空气经行程阀 8 排至大气中，在弹簧力的作用下，换向阀 9 的阀芯向下移动至下端。气缸的上腔与大气连通，下腔与压缩空气连通。这时，气缸活塞在气压的作用下向上运动，带动剪刃将工料 11 切断。工料被剪下后，随即与行程阀 8 脱开，行程阀复位，阀芯将排气通道封死，换向阀 9A 腔中的气压升高，迫使其阀芯上移，气路换向。压缩空气进入气缸 10 的上腔，气缸 10 的下腔排气，气缸活塞向下运动，带动剪刃复位，准备第二次下料。

在该气压传动系统中，气缸 10 是执行元件，剪刃克服阻力剪断工料的机械能来自于压缩空气的压力能。负责提供压缩空气的是空气压缩机 1（动力装置），气路中的减压阀 6、行程阀 8 和换向阀 9 是控制元件，它们起改变气体流动方向，控制气缸活塞运动方向的作用。

　　实际工作中的液压与气压传动系统是很复杂的，为了简化液压与气压传动系统的表示方法，一般用国家标准 GB/T 786.1—2009 规定的液压、气压元件图形符号来绘制液压与气压传动系统图。图 1-3b 所示为气动剪切机工作原理的图形符号图。

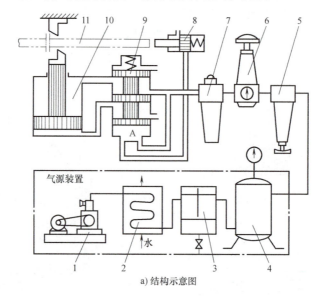

a) 结构示意图

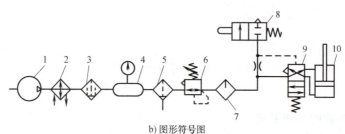

b) 图形符号图

图 1-3　气动剪切机的工作原理

1—空气压缩机　2—冷却器　3—油雾分离器　4—储气罐　5—手动排水过滤器
6—减压阀　7—油雾器　8—行程阀　9—换向阀　10—气缸　11—工料

二、液压与气压传动系统的组成

　　由上述例子可以看出，一个完整的液压与气压传动系统主要由五个基本部分组成，见表 1-1。

表 1-1　液压与气压传动系统的组成

组成部分	主要作用	典型元件
动力装置	将原动机(电动机)供给的机械能转换成液体或气体的压力能，为各类液压(气压)设备提供动力	液压泵、空气压缩机等
执行元件	将流体的压力能转换成机械能，也称为执行装置	液压缸、气缸、液压马达、气马达等
控制调节元件	控制液压与气压传动系统中流体的压力、流量和流动方向，或进行信号转换、逻辑运算和放大等，以保证执行元件完成预期的工作	减压阀、行程阀、节流阀、换向阀、逻辑元件等

（续）

组成部分	主要作用	典型元件
辅助元件	用于工作介质（油或气）的储存、输送、净化、润滑、测量以及元件间连接的装置,对保障液压与气压传动系统正常工作、性能稳定可靠起着十分重要的作用	油箱、过滤器、油雾器、压力计、流量计等
工作介质	传递能量和信号的流体	液压油或压缩空气等

液压与气压传动系统五大组成部分之间的内在逻辑关系如图 1-4 所示。

图 1-4　液压与气压传动系统五大组成部分之间的内在逻辑关系

实践与思考：到实训室或工厂参观,仔细观察液压与气压传动系统的组成和工作过程。想一想,在日常生活和工作中,有哪些设备中应用了液压或气压传动技术?

课题二　液压与气压传动的优缺点及发展

一、液压与气压传动的优缺点

与机械传动、电气传动相比,液压与气压传动的优缺点如下。

1. 液压与气压传动的主要优点

1）质量小、体积小、反应快。无论是液压传动元件还是气压传动元件,在输出相同功率的条件下,体积和质量相对较小,因此惯性小、动作灵敏,这对自动控制系统来说很重要。

2）控制方便。实现了无级调速,调速范围宽,可在系统运行过程中调速,能迅速换向和变速。

3）易于实现自动化。特别是和机、电联合使用时,能方便地实现复杂的自动工作循环。

4）便于实现"三化",即系列化、标准化和通用化。

5）便于实现过载保护,使用安全、可靠。

由于液压传动与气压传动的工作介质不同,因此它们还具有不同的优点。液压传动的优点：①可输出较大的推力和转矩,传动平稳；②能够自润滑,因此液压元件的使用寿命长。气压传动的优点：①工作介质是空气,取之不尽,用之不竭,用后可直接排入大气中,无介质费用,干净而不污染环境,在食品加工、印刷、纺织、精密检测等高净化、无污染场合应用广；②空气的黏度很小,约为油黏度的万分之一,其能量损失也很小,因此气压传动的效率高于液压传动,适用于远距离传输及控制。

2. 液压与气压传动的主要缺点

1）制造成本高。系统要求封闭、不泄气、不漏油，元件制作精度要求高，因此加工和装配的难度较大。

2）使用和维护要求较高。工作介质要防污染，使用和维护要求较高，出现故障不易诊断。

3）实现定比传动困难。不适用于传动比要求严格的场合，如螺纹和齿轮加工机床的传动系统。

此外，液压传动还存在以下缺点：①在工作过程中能量损失较大，传动效率较低；②对油温变化比较敏感，不宜在很高和很低的温度下工作。气压传动还存在以下缺点：①工作压力低，不易获得较大的输出力或转矩；②排气噪声较大；③因空气无润滑性能，故系统中必须设置供油润滑装置。

气压传动、液压传动、电气传动和机械传动各有优缺点，在实际应用中，应根据具体情况合理选用，使其性价比最高。

二、液压与气压传动的发展和应用

1. 液压与气压传动的发展

液压与气压传动相对于机械传动来说是一门新兴技术。从 17 世纪中叶帕斯卡原理的提出、18 世纪末世界上第一台水压机在英国诞生算起，虽然已有几百年的历史，但液压与气压传动技术的广泛应用和快速发展却是 20 世纪中期以后的事情。

液压与气压传动技术在我国于 20 世纪 50 年代开始应用于某些工业部门，20 世纪 60 年代中期引进国外的生产技术，开始建立液压与气压传动元件厂，1962 年我国自行设计制造的 12000t 自由锻造水压机建成并正式投产。近些年来，我国的液压与气压传动行业发展迅速，从传统的传动技术，延伸到包括传动、控制与检测在内的自动化技术，智能液压与气压传动元件不断涌现，产品的质量与创新都有骄人的成绩。2012 年，中国第二重型机械集团公司成功建成当时世界最大模锻液压机——8 万 t 模锻压力机，它是中国国产客机 C919 试飞成功的重要功臣之一。

当前，液压技术在实现高压、高速、大功率、高效、低噪声、经久耐用、高度集成化等各项要求方面都取得了重大的进展。比例控制、伺服控制、数字控制等技术也取得了许多新成就。新型液压元件和液压系统高度融合，智能液压元件的应用也越来越多。

可编程序控制（PLC）技术与气动技术相结合，使整个系统的自动化程度更高、控制方式更灵活、性能更可靠。当今，气压技术作为柔性制造系统（FMS），已在包装设备、自动生产线和工业机器人等方面成为不可缺少的重要手段。同时，工业自动化及柔性制造系统的迅速发展，对气动技术也提出了更高的要求。当前，气动元件的发展趋势为高精度、高速度、高质量、微型化、节能化、无油化、集成化等。特别是微电子技术的引入，促进了电气-气动比例伺服技术的发展，智能传感器、智能仪表和各类比例阀、电气伺服阀、数字阀等元件的应用，使气动系统从开关控制转为反馈控制，测控精度不断提高，信息处理能力、抗干扰能力、稳定性与可靠性也都有很大提升。

2. 液压与气压传动的应用

液压与气压传动被广泛应用于机械、电子、轻工、纺织、食品、医药、包装、航空、交通运输等各个行业。随着工业机器人、组合机床、加工中心、自动检测设备等的大量使用，在提高生产率、自动化程度、产品质量、工作可靠性和机床配置等方面，越来越显示出液压与气压传动技术的优越性。随着技术的发展，液压与气压传动技术的应用领域将迅速拓宽，尤其是在各种自动化生产线和鱼雷、导弹等自动控制装置上，将得到越来越广泛的应用。

实践与思考：到实训室或工厂参观，仔细观察并想一想，有哪些设备将液压传动、气压传动、电气传动和机械传动技术有机结合起来，构成气-液、电-液（气）、机-液（气）等联合传动，发挥各自的优点，以弥补其缺点？

单元二　液压传动基础知识

内容构架

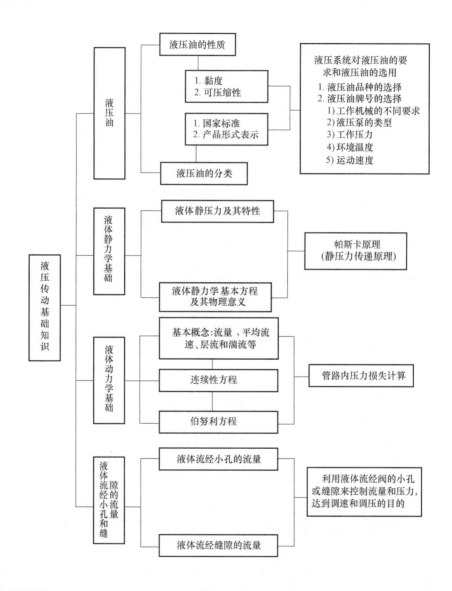

学习引导

液压传动的工作介质是液体，最常用的工作介质是液压油，此外还有乳化型传动液和合成型传动液等。液压系统中液压油的主要作用是实现能量的传递、转换和控制，同时还起着系统的润滑、冷却、防锈、防腐等作用。液压系统的主要参数是压力和流量，它们是设计液压系统、选择液压元件的主要依据。压力取决于外载荷，流量取决于液压执行元件的运动速度和结构尺寸。

了解液压油的基本性质，掌握液体平衡和运动的主要力学规律，对于正确分析和理解液压传动原理、合理设计液压元件、正确使用和维护液压系统都是十分重要的。本单元将介绍液压油的性质、液压系统对液压油的要求等内容，同时，还将简要介绍液体静力学的基本特性和液体流动基本规律等液压传动的基础知识。

【目标与要求】
➢ 1. 能简叙液压油的主要性质和分类，并能根据实际应用场合正确选用液压油。
➢ 2. 能说明液体压力的含义及表示方法。
➢ 3. 能分析液体静力学基本方程、连续性方程、伯努利方程等的物理意义及应用。
➢ 4. 能说明液压传动的基本原理，即帕斯卡原理、连续性原理等。
➢ 5. 能解释层流和湍流现象。
➢ 6. 能计算液压传动中液体在管路中的压力损失，并分析减少压力损失的方法。
➢ 7. 能计算液体流经小孔及缝隙的流量，并分析其影响因素。

【重点与难点】
重点：
● 1. 液压油的选用。
● 2. 液体静力学基本方程、连续性方程、伯努利方程的物理意义及应用。
难点：
● 1. 液压油的黏性、伯努利方程的应用。
● 2. 液压传动中液体在管路中的压力损失、液体流经小孔及缝隙的流量计算。

课题一　液　压　油

一、液压油的性质

1. 黏度

液体在外力作用下流动（或有流动趋势）时，液体与固体壁间的附着力和液体分子间的内聚力会阻碍其分子的相对运动，即具有一定的内摩擦力，这种性质称为液体的黏性。液体只有在流动（或有流动趋势）时才会呈现出黏性，黏性使流动液体内部各处的速度不相等，静止液体不呈现黏性。将手从水中拿出时，手上会沾有水，就是因为这个原因。

（1）黏度的分类　黏性的大小用黏度表示。黏度表示流体运动时分子间摩擦阻力的大小，是液压油的重要指标之一。黏度可分为两大类，一类是绝对指标（黏度），又可分为动力黏度和运动黏度；另一类是相对指标（黏度），又可分为恩氏黏度、赛氏黏度和雷氏黏度。

1）动力黏度。动力黏度是指液体黏性的内摩擦系数，用 μ（Pa·s）表示。

2）运动黏度。动力黏度 μ 与液体密度 ρ 的比值，称为运动黏度，用 ν（m²/s）表示，即

$$\nu = \frac{\mu}{\rho}$$

(2-1)

运动黏度无明确的物理意义，但国际标准化组织（ISO）规定统一采用运动黏度来表示

液压油的黏度。液压油的牌号就是采用其在40℃时运动黏度（mm²/s）的中心值来标号的。

3）相对黏度。相对黏度又称条件黏度，它是采用特定的黏度计在规定条件下测量出来的黏度。由于测量条件不同，各国所用的相对黏度类型也不同。中国、德国等国家采用恩氏黏度（°E），美国用赛氏黏度（SSU），英国则用雷氏黏度（R）。

恩氏黏度用恩氏黏度计测定，即将200mL被测液体装入恩氏黏度计中，在某一温度下 t（℃），测出液体经容器底部 $\phi2.8mm$ 的小孔流尽所需的时间 t_1，t_1 与同体积的蒸馏水在20℃时通过同一小孔流尽所需的时间 t_2（通常 $t_2 = 50 \sim 52s$）的比值，称为被测液体在温度 t 时的恩氏黏度，即

$$°E_t = \frac{t_1}{t_2} \tag{2-2}$$

（2）黏度与压力的关系　液体所受的压力增加时，其分子间的距离将减小，内摩擦力增大，黏度也随之略增大。对于中、低压液压系统，压力变化很小，压力对液压油黏度的影响不大，可以忽略不计。但当压力较高（大于50MPa）或压力变化较大时，则应考虑压力对黏度的影响。

（3）黏度与温度的关系　液压油的黏度对温度的变化十分敏感，温度升高时，液压油的黏度将显著降低。这种液压油的黏度随温度变化的性质称为黏温特性。不同种类的液压油有不同的黏温特性。液压油黏度的变化直接影响液压系统的性能，因此希望液压油黏度随温度的变化越小越好。在液压系统工作时，油温最好控制在30~60℃之间。油温过高，除了黏度会降低外，液压油还容易氧化变质，析出沥青等杂质堵塞油路，从而影响系统工作的可靠性。

（4）黏度对液压系统的影响　液压油应该有合适的黏度，黏度过大，会使系统压力降和功率损失增加，泵的吸入性能变差，起动困难，并可能产生气蚀；黏度偏小，泵的内泄漏增大，容积效率降低，油膜变薄，磨损加剧，造成控制精度下降甚至失效。

2. 液体的可压缩性

液体受压力作用而使其体积发生变化的性质，称为液体的可压缩性。常用液体的体积弹性模量来说明其抵抗压缩能力的大小，它表示产生单位体积相对变化量所需的压力增量。

矿物油的体积弹性模量为 $(1.4 \sim 2) \times 10^9 N/m^2$，它的可压缩性是钢的100~150倍。但对于一般液压系统来说，当其压力不高时，液体的可压缩性很小，因此可以认为液体是不可压缩的。然而，当液体中混入空气时，其可压缩性将显著增加，这将严重影响液压系统的工作性能——执行元件的运动精度，从而影响液压传动系统传动比的精度，并会使液压系统产生高频率的振动、噪声、气蚀等，故在液压系统中应使液压油中的空气含量减少到最低程度。

二、液压油的分类

我国等效采用国际标准ISO 6743-4：1999，制定了液压系统用油分类标准 GB/T 7631.2—2003。液压油的分类见表2-1。

各种液压油产品可用统一的形式表示。例如，一个特定的产品可用一种完整的形式表示为ISO-L-HM46，或用缩写形式表示为L-HM46，其中"ISO"表示国际标准，"L"表示润滑剂和有关产品，"H"表示液压油（液）组，"M"表示质量等级（抗磨液压油），数字"46"表示GB/T 3141—1994中规定的黏度等级。

表 2-1　液压油的分类

应用范围	特殊应用	更具体应用	产品符号 ISO-L	组成和特性	典型应用	备注
液压系统	流体静压系统		HH	无抑制剂的精制矿油	低压液压系统	
			HL	精制矿油,并改善其防锈和抗氧性	一般液压系统	通用机床工业润滑油
			HM	HL油,并改善其抗磨性	有高负荷部件的一般液压系统	抗磨液压油
			HR	HL油,并改善其黏温特性	数控机床液压系统	
			HV	HM油,并改善其黏温特性	建筑和船舶设备	低温液压油
			HS	无特定难燃性的合成液		特殊性能液压油
		要求使用环境可接受液压油的场合	HETG	甘油三酸酯	一般液压系统(可移动式)	每个品种的基础液的最小质量分数应不低于70%
			HEPG	聚乙二醇		
			HEES	合成酯		
			HEPR	聚α烯烃和相关烃类产品		
		液压导轨系统	HG	HM油,并具有抗黏-滑性	液压和滑动轴承导轨润滑系统合用的机床在低速下使用振动或间断滑动(黏-滑)减为最小	具有多种用途,但并非在所有液压应用中都有效
		使用难燃液压液的场合	HFAE	水包油型乳化液		含水量(质量分数)大于80%
			HFAS	化学水溶液		
			HFB	油包水型乳化液		
			HFC	含聚合物水溶液		含水量(质量分数)大于35%
			HFDR	磷酸酯无水合成液		
			HFDU	其他成分的无水合成液		

三、液压系统对液压油的要求和液压油的选用

1. 液压系统对液压油的要求

为了更好地传递运动和动力,同时起到润滑和散热的作用,液压系统对液压油的要求如下:

1) 黏度适当,有较好的黏温特性,在工作温度范围内,黏度随温度的变化越小越好。

2) 润滑性能好,以减少液压元件相对运动表面的磨损。

3) 质地纯净、杂质少,以防止油路堵塞。

4) 抗泡沫性、抗乳化性、热安定性和氧化安定性好,腐蚀性小,缓蚀性好。

5）与密封件、软管、涂料及金属等有较好的相容性。

6）闪点和燃点高，流动点和凝点低。

7）体积膨胀系统低，比热容大。

8）对人体无害，成本低。

2. 液压油的选用

液压油的分
类与选用

液压油直接影响液压系统的工作性能，因此必须合理选用液压油。液压
油的选用，实质上就是对液压油的品种和牌号的选择。

（1）液压油品种的选择　应根据液压系统的特点、工作环境和液压油的特性等，选择
液压油的品种。

（2）液压油牌号的选择　在液压油的品种已定的情况下选择其牌号时，最先考虑的应
是液压油的黏度。黏度是液压油最重要的使用性能指标之一，其选择合理与否，对液压系统
的运动平稳性、工作可靠性与灵敏性、系统效率、功率损耗、气蚀现象、温升及磨损等都有
显著影响，选择不当时甚至会使系统不能工作。所以，要根据具体情况或系统要求选用具有
合适黏度的液压油牌号。通常需要考虑以下几方面：

1）按工作机械的不同要求选用。精密机械与一般机械对黏度的要求不同。为了避免在
温度升高时引起机件变形而影响工作性能，精密机械宜采用黏度较低的液压油，如机床液压
伺服机构采用黏度较低的 10 号油。

2）按液压泵的类型选用。液压泵是液压系统中的重要元件。一般情况下，常根据液压
泵的类型及其要求来选择液压油的黏度。各类液压泵适用的黏度范围见表 2-2。

表 2-2　各类液压泵适用的黏度范围

液压泵类型		工作介质黏度 $\nu_{40}/(10^{-6}\,\mathrm{m}^2 \cdot \mathrm{g}^{-1})$	
		环境温度 5~40℃	环境温度 40~80℃
齿轮泵		30~70	65~165
叶片泵	$p<7\mathrm{MPa}$	30~50	40~75
	$p \geqslant 7\mathrm{MPa}$	50~70	55~90
径向柱塞泵		30~80	65~240
轴向柱塞泵		40~75	70~150

3）按液压系统的工作压力选用。通常，当工作压力较高时，宜选用黏度较高的液压
油，以免系统泄漏过多，效率过低；工作压力较低时，宜用黏度较低的油。

4）考虑液压系统的环境温度。由于温度对矿物油黏度的影响很大，为保证在工作温度
下有适宜的黏度，还必须考虑周围环境温度的影响。当温度高时，宜采用黏度较高的液压
油；反之，则宜采用黏度较低的液压油。

5）考虑液压系统中工作部件的运动速度。当液压系统中工作部件的运动速度很高时，
油液的流速也高，液压损失随之增大，而泄漏相对减少，因此宜用黏度较低的液压油；反
之，宜选用黏度较高的液压油。

此外，还应考虑环保性、经济性（如价格、使用寿命）等因素。在使用和维护过程中，
要特别注意防止杂质、气体和水分等进入液压油，以提高液压系统的工作性能和液压元件的
寿命。

实践与思考： 各取一滴两种不同黏度的液压油，滴在倾斜的玻璃板上，观察两种液压油的流动速度。

课题二　液体静力学基础

液体静力学是研究液体处于相对平衡状态时的力学规律和这些规律的实际应用。这里所说的相对平衡，是指液体内部各个质点之间没有相对位移，此时液体不呈现黏性。压力和流量是液压传动中最基本、最重要的两个技术参数。本课题将重点介绍压力的相关知识。

一、液体静压力及其特性

1. 液体静压力

若在液体的面积 A 上，所受的为均匀分布的作用力 F，则液体静压力 p 可表示为

$$p = \frac{F}{A} \tag{2-3}$$

当液体相对静止时，液体静压力就是液体单位面积上所受的作用力，在物理学上称为压强，在工程实际应用中习惯上称为压力。在国际单位制（SI）中，压力的单位为 N/m^2 或 Pa。在液压技术中，常用的单位为 MPa。

2. 液体静压力的特性

1）液体静压力垂直于承受压力的面，其方向和该面的内法线方向一致。

2）静止液体内任意点处所受到的静压力在各个方向上都相等。

二、液体静力学基本方程及其物理意义

1. 液体静力学基本方程

如图 2-1a 所示，密度为 ρ 的液体在容器内处于静止状态，作用在液面上的压力为 p_0，若要计算离液面深度为 h 的某一点处的压力 p，可以假想从液面往下切出一个高度为 h、底面积为 ΔA 的竖直小液柱，如图 2-1b 所示。小液柱的顶面与液面重合，其在重力及周围液体压力的作用下处于平衡状态，则有

$$p\Delta A = p_0 \Delta A + \rho g h \Delta A$$
$$p = p_0 + \rho g h \tag{2-4}$$

式（2-4）称为液体静力学基本方程，由该式可知，静止液体内任一点处的压力由两部分组成：一部分是液面上的压力 p_0，另一部分是由液柱的重力所产生的压力 $\rho g h$。

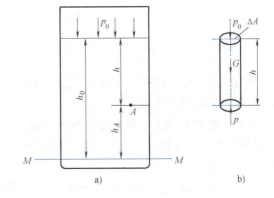

图 2-1　静止液体内的压力分布规律

1）静止液体的液面与大气接触时，$p_0 = p_a$，则该点处的静压力为 $p = p_a + \rho g h$。

2）静压力随液体深度 h 呈线性规律分布。

3）离液面深度相同的各点组成了等压面，此等压面是一个水平面。

2. 液体静力学基本方程的物理意义

在图 2-1a 所示的密闭容器内，选择一基准水平面 M-M，根据液体静力学基本方程式可

以确定距液面深度 h_0 处的 A 点的压力 p，即

$$p = p_0 + \rho g(h_0 - h_A)$$

$$\frac{p}{\rho} + gh_A = \frac{p_0}{\rho} + gh_0 \tag{2-5}$$

式（2-5）是液体静力学基本方程的另一种形式。式中，gh_A 表示 A 点处单位质量液体的势能，称为位置水头；p/ρ 表示 A 点处单位质量液体的压力能，称为压力水头。

式（2-5）的物理意义：静止液体中单位质量液体的压力能和势能之和为常数，压力能和势能可以互相转换，但各点的总能量总是保持不变，即能量守恒。

三、压力的传递

由静力学基本方程知，静止液体中任一点的压力都包含了液面压力 p_0，也就是说，在密闭容器中，由外力作用在液面上的压力能等值地传递到液体内部的所有点上。这就是帕斯卡原理，或称静压力传递原理。

在液压传动系统中，一般液压装置都不高，通常由外力产生的压力要比由液体自重产生的压力 ρgh 大得多，若忽略液体自重，则可认为系统中相对静止液体内各点的压力均相等。

例 2-1　图 2-2 所示为相互连通的两个液压缸，已知大缸内径 $D = 150\text{mm}$，小缸内径 $d = 30\text{mm}$，大活塞上放有一重物（$G = 20000\text{N}$）。问应在小活塞上加多大的力 F 才能使大活塞顶起该重物？

解：设大缸有效面积为 A_1、压力为 p_1，小缸有效面积为 A_2，压力为 p_2，根据帕斯卡原理，缸内压力处处相等，即 $p_1 \approx p_2$，于是

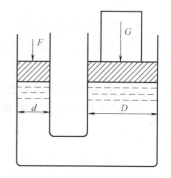

$$F = \frac{A_2}{A_1}G = \frac{d^2}{D^2}G$$

故要顶起重物，应在小活塞上加的力为

$$F = \frac{d^2}{D^2}G = \frac{30^2}{150^2} \times 20000\text{N} = 800\text{N}$$

图 2-2　帕斯卡原理的应用

通过例 2-1 的计算可知，液压装置具有放大力的作用，如液压千斤顶和液压压力机就是利用这个原理进行工作的。

可见，负载 G 越大，液压缸中的液体压力 p 也越大，推力就越大。若负载 $G = 0$，则 $p = 0$，说明压力 p 是液体在负载作用下受到挤压而形成和传递的。这说明液压系统的工作压力取决于外负载。

综上所述，液压传动是依靠液体内部的压力来传递动力的，在液压系统（密闭容器）中，压力是以等值传递的。因此，静压力传递原理是液压传动的基本原理之一。

四、压力的表示方法

压力的表示方法有两种，即绝对压力和相对压力，如图 2-3 所示。

（1）大气压力　由大气中空气重力产生的压力称为大气压力，用 p_a 表示。

（2）相对压力　以大气压力为基准来表示的压力，称为相对压力。由于大多数测压仪表所测得的压力都是相对压力，故相对压力也称表压力。

（3）绝对压力　以绝对真空为基准表示的压力，称为绝对压力。绝对压力与相对压

力的关系：**绝对压力 = 相对压力 + 大气压力**。

（4）真空度 如果液体中某点处的绝对压力小于大气压力，这时在这个点上绝对压力比大气压力小的那部分数值叫作真空度，即**真空度 = 大气压力 - 绝对压力**。

由此可知，当以大气压力为基准计算压力时，基准以上的正值是表压力，基准以下的负值就是真空度。绝对压力、相对压力和真空度的相互关系如图2-3所示。

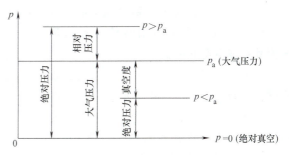

图2-3 绝对压力、相对压力和真空度的相互关系

液压传动中，如果没有特别指明，压力均指的是相对压力。

实践与思考：观察液压千斤顶实物及其铭牌或查询资料，记录相关工作参数；有实训条件的，可以操作液压千斤顶等液压设备，计算载荷放大倍数。

课题三 液体动力学基础

液压传动是依靠密封容积的变化来传递运动的，而密封容积的变化必然引起液体的流动，为此，本课题主要讨论液体在外力作用下流动时的运动规律。

一、基本概念

1. 理想液体和稳定流动

由于实际液体具有黏性和可压缩性，其在外力作用下流动时有内摩擦力，这就增加了解决问题的难度。为简化起见，假定液体为无黏性、不可压缩的理想液体。

液体流动时，若其中任一点处的**压力、流速和密度不随时间而变化**，则称为稳定流动，反之，若压力、流速或密度中有一个参数随时间而变化，则称为非稳定流动。

2. 流量和平均流速

流量和平均流速是描述液体流动的主要参数。液体在管道中流动时，通常将垂直于液体流动方向的截面称为通流截面或过流截面。

（1）流量 **单位时间内流过某一通流截面的液体体积称为流量**，用 q 表示，单位为 m^3/s 或 L/min。

（2）平均流速 由于液体都具有黏性，其在管中流动时，与管壁接触的液体流速为零，中间部位的液体流速最大，即在同一截面上，各点的流速是不相同的，呈抛物线规律分布，计算很不方便。因而引入一个平均流速的概念，即假设通流截面上的各点流速都一样。若通流截面面积为 A，流量为 q，则平均流速 v 为

$$v = \frac{q}{A} \tag{2-6}$$

在实际工程中，平均流速才具有应用价值。液压缸工作时，活塞运动速度等于缸内液体的平均流速，它与液压缸有效面积（通流截面面积）A 和流量 q 有关。**当液压缸有效面积一定时，活塞运动速度的大小由输入液压缸的流量来决定。**

3. 层流和湍流

液体的流动有两种状态，即层流和湍流。

（1）层流　层流是指液体流动时形成线状或层状的流动。

（2）湍流　湍流是指液体流动时形成混乱状或散乱状的流动。

两种流动状态的物理现象可以通过雷诺试验来观察，如图 2-4 所示。水箱 6 由进水管 2 不断供水，并保持水箱水面高度恒定。容器 3 内盛有红色水，打开阀门 4 后，红色水即经细导管 5 流入玻璃管 7 中，然后通过调节阀门 8，使玻璃管 7 中的液体流速由小变大，便可观察到玻璃管 7 中的液流状态由层流到湍流的变化过程。试验证明，液体在圆管中的流动状态不仅与管内的平均流速 v 有关，还和管道内径 d 及液体的运动黏度 ν 有关。

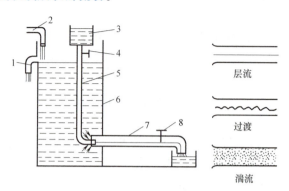

图 2-4　雷诺试验装置及液体流动状态

1—溢流管　2—进水管　3—容器　4、8—阀门　5—细导管　6—水箱　7—玻璃管

液体的流动状态是层流还是湍流，可利用上述三个参数所组成的雷诺数 Re 来判别，即

$$Re = \frac{vd}{\nu} \tag{2-7}$$

雷诺数为无量纲数，即对通流截面相同的管道来说，若液流的雷诺数相同，则其流动状态就相同。

试验表明：液流由层流转变为湍流时的雷诺数大于由湍流转变为层流时的雷诺数，后者称为下临界雷诺数。工程中是以下临界雷诺数 Re_c 作为液流状态的判断依据，若 $Re < Re_c$，则液流为层流；若 $Re \geq Re_c$，则液流为湍流。常见金属圆管的下临界雷诺数 $Re_c = 2300$。

二、连续性方程

连续性方程是质量守恒定律在流体力学中的一种表达形式。根据物质不灭定律，液体既不可能增多，也不可能减少，所以在单位时间内流过管道每一截面的液体质量是相等的。这就是液体的连续性原理。

如图 2-5 所示，设液体在管道中做恒定流动。任取两个通流截面 A_1、A_2，这两个截面处的液体密度和平均流速分别为 ρ_1、v_1 和 ρ_2、v_2，根据质量守恒定律，在单位时间内流过两个截面的液体质量相等，即

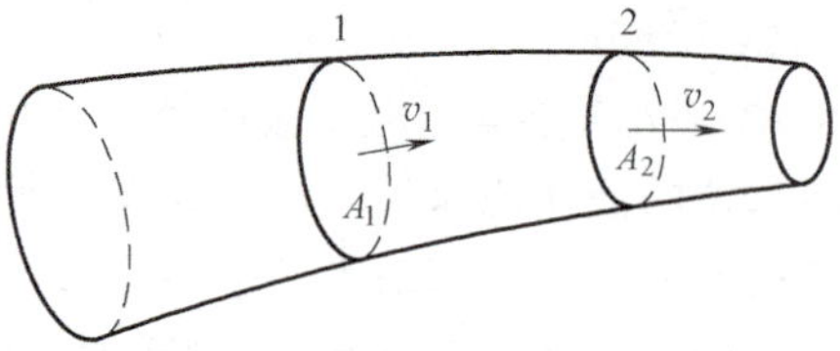

$$\rho_1 v_1 A_1 = \rho_2 v_2 A_2$$

图 2-5　液体的连续性原理

假定液体不可压缩，则 $\rho_1 = \rho_2$，可得

$$v_1 A_1 = v_2 A_2 = 常数 \tag{2-8}$$

式（2-8）表明：液体在管道内流动时，流过各通流截面的流量是相等的，因而流速和通流截面面积成反比，即管粗流速慢、管细流速快。连续性原理也是液压传动的基本原理之一。

三、伯努利方程

1. 理想液体的伯努利方程

如图 2-6 所示，当理想液体在管道中流动时，取两个通流截面 A_1、A_2，其离基准面 $O\text{-}O$ 的高度分别为 h_1、h_2，流速分别为 v_1、v_2，压力分别为 p_1、p_2，根据能量守恒定律，则有

$$\frac{p_1}{\rho}+gh_1+\frac{v_1^2}{2}=\frac{p_2}{\rho}+gh_2+\frac{v_2^2}{2} \qquad (2\text{-}9)$$

式（2-9）称为理想液体的伯努利方程，其物理意义是：在密闭管道内，做稳定流动的液体具有三种形式的能量（压力能、势能和动能），在沿管道流动的过程中，三种能量之间可互相转化，但在任一通流截面处，三种能量的总和为常数。

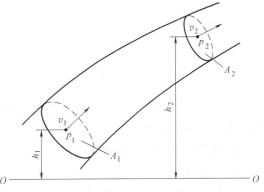

图 2-6　伯努利方程简图

2. 实际液体的伯努利方程

实际液体是有黏性的，由于黏性会使液体层间产生内摩擦，而且管道形状和尺寸是变化的，会使液体产生扰动，因此运动过程中必定消耗能量，沿流动方向液体的总机械能将逐渐减少。由于平均流速与实际流速得出的动能之间存在偏差，因此，必须引入动能修正系数 α 来补偿这一偏差。若用 α_1、α_2 分别表示截面 A 和截面 B 的动能修正系数，湍流时取 $\alpha=1$，层流时取 $\alpha=2$；用 gh_{w} 表示单位质量液体从截面 A 流到截面 B 的能量损失，则式（2-9）变成

$$\frac{p_1}{\rho}+gh_1+\frac{\alpha_1 v_1^2}{2}=\frac{p_2}{\rho}+gh_2+\frac{\alpha_2 v_2^2}{2}+gh_{\mathrm{w}} \qquad (2\text{-}10)$$

例 2-2　如图 2-7 所示，液压泵的流量 $q=32\mathrm{L/min}$，进油管通径 $d=15\mathrm{mm}$，液压泵进油口距离液面的高度 $h=500\mathrm{mm}$，液压油的运动黏度 $v=30\times10^{-6}\mathrm{m^2/s}$，密度 $\rho=0.9\mathrm{g/cm^3}$，不计压力损失。求液压泵进油口的真空度。

解：（1）进油管的液流速度

$$v=\frac{q}{A}=\frac{q}{\frac{\pi}{4}d^2}=\frac{32\times10^3}{\frac{\pi}{4}\times1.5^2\times60}\mathrm{cm/s}=302\mathrm{cm/s}$$

（2）油液在进油管中的流动状态　因为油液的运动黏度 $\nu=30\times10^{-6}\mathrm{m^2/s}=0.3\mathrm{cm^2/s}$，则有

$$Re=\frac{vd}{\nu}=\frac{302\times1.5}{0.3}=1510$$

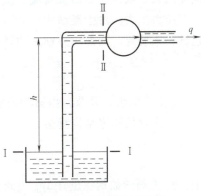

图 2-7　液压泵的真空度

$Re_{\mathrm{c}}=2300$，$Re<Re_{\mathrm{c}}$，说明油液在进油管中的运动为层流状态，因此可用伯努利方程求出液压泵进油口的真空度。

（3）液压泵进油口的真空度　以油箱液面 Ⅰ—Ⅰ 为基准液面，泵的进油口处为 Ⅱ—Ⅱ 截面。对 Ⅰ—Ⅰ 到 Ⅱ—Ⅱ 截面建立实际液体的伯努利方程，则有

$$\frac{p_1}{\rho}+gh_1+\frac{\alpha_1 v_1^2}{2}=\frac{p_2}{\rho}+gh_2+\frac{\alpha_2 v_2^2}{2}+gh_w$$

Ⅰ—Ⅰ为基准液面，故 $h_1=0$，$h_2=h$；不考虑从Ⅰ—Ⅰ到Ⅱ—Ⅱ截面的能量损失为 h_w，故 $h_w=0$；$Re<Re_c$，为层流状态，故动能修正系数 $\alpha_1=\alpha_2=2$；油箱液面与大气接触，故 p_1 为大气压力，即 $p_1=p_a$；因为截面面积大，油箱液面流速极小，即 $v_1=0$。

则液压泵进油口处（Ⅱ—Ⅱ截面）的真空度为

$$p_a-p_2=\rho gh+2\frac{\rho v_2^2}{2}=(900\times9.8\times0.5+900\times3.02^2)\,\text{Pa}=12.6\text{kPa}$$

为便于安装与维修，液压泵应安装在油箱液面以上，依靠进口处形成的真空度来吸油。实际工程中，液压泵的安装高度 $h\leqslant0.5\text{m}$。

四、管路内压力损失计算

由于实际液体具有黏性，而且流动时会产生撞击和漩涡等现象，因此液体流动时会有阻力。为了克服阻力，就会造成一部分能量损失。在液压管道中，能量损失表现为液体压力损失。

液体压力损失可分为两种：一种是沿程压力损失，另一种是局部压力损失。

1. 沿程压力损失

液体在等径直管中流动时，因黏性摩擦而产生的压力损失，称为沿程压力损失，它主要取决于液体的流速、黏度以及管道的长度和内径等。液压传动中，液体在圆管中以层流状态流动最为常见，经过理论推导，液体流经直径为 d 的直管时，在长度为 l 段上的沿程压力损失的表达式为

$$\Delta p_\lambda=\lambda\,\frac{l}{d}\,\frac{\rho v^2}{2} \tag{2-11}$$

式中，λ 为沿程阻力系数，对于圆管层流，理论值 $\lambda=64/Re$；在金属管中常取 $\lambda=75/Re$。

2. 局部压力损失

液体流经管道的弯头、管接头、突变截面以及阀口、滤网等局部装置时，液流将被迫改变流速的大小或方向而出现脱流、漩涡、撞击、分离等现象，这些现象造成的能量损失表现为局部压力损失。由于流动状况极为复杂，影响因素较多，局部压力损失的阻力系数一般要通过试验来确定。局部压力损失的计算公式为

$$\Delta p_\zeta=\zeta\,\frac{\rho v^2}{2} \tag{2-12}$$

式中，ζ 为局部阻力系数，由试验确定，也可查有关手册。

由于阀内的通道结构复杂，计算液体流过各类阀门的局部压力损失时常用下列经验公式

$$\Delta p_\zeta=\Delta p_n\left(\frac{q}{q_n}\right)^2 \tag{2-13}$$

式中，q_n 为阀的额定流量；Δp_n 为阀在额定流量 q_n 下的压力损失（可查阀的产品样本或设计手册）；q 为通过阀的实际流量。

3. 管路系统的总压力损失

管路系统的总压力损失等于所有沿程压力损失和所有局部压力损失之和，即

$$\sum\Delta p=\sum\Delta p_\lambda+\sum\Delta p_\zeta \tag{2-14}$$

在液压系统中，绝大部分压力损失将转变为热能，造成功率损耗、油液温度升高、泄漏

增加，甚至会使液压元件因受热膨胀而"卡死"，使液压传动效率降低，以致影响系统的工作性能，所以应尽量减少压力损失。布置管路时，缩短管道长度、减少管道弯曲和截面的突变、力求使管道内壁光滑等，都可使压力损失减小。

例 2-3 已知泵的流量 $q=50\text{L/min}$，采用 L-HL46 液压油，油液温度为 50℃，泵的吸油管长度 $l=1\text{m}$，吸油管内径 $d=30\text{mm}$。当吸油管为金属管时，其沿程压力损失为多少？

解： 油液在吸油管中的流速为

$$v=\frac{q}{A}=\frac{50\times10^{-3}}{\frac{\pi}{4}\times0.03^2\times60}\text{m/s}=1.18\text{m/s}$$

L-HL46 液压油在 50℃时的运动黏度 $\nu=30\times10^{-6}\text{m}^2/\text{s}$，密度 $\rho=900\text{kg/m}^3$，其雷诺数为

$$Re=\frac{vd}{\nu}=\frac{1.18\times0.03}{30\times10^{-6}}=1180$$

金属管的 $Re_c=2320$，$Re=1180<2320$，故为层流。

沿程压力损失为

$$\Delta p_\lambda=\lambda\frac{l}{d}\frac{\rho v^2}{2}=\frac{75}{Re}\frac{l}{d}\frac{\rho v^2}{2}=\frac{75}{1180}\times\frac{1}{0.03}\times\frac{900\times1.18^2}{2}\approx1327\text{Pa}$$

实践与思考： 在液压系统管路布置等实际工作过程中，如何减少液压传动中的压力损失？有何实际意义？

课题四　液体流经小孔和缝隙的流量

液压传动中常利用液体流经阀的小孔或缝隙来控制流量和压力，达到调速和调压的目的。液压元件的泄漏也属于缝隙流动。因而了解液体流经小孔和缝隙的流量计算方法，分析其影响因素，对于正确分析液压元件和系统的工作性能是很有必要的。

一、液体流经小孔的流量

当管路长度 l 和圆管内径 d 之比（长径比）$l/d\leqslant0.5$ 时，称为薄壁小孔；当 $l/d>4$ 时，称为细长小孔；当 $0.5<l/d\leqslant4$ 时，则称为短孔。

1. 流经薄壁小孔的流量

薄壁小孔的流量公式为

$$q=C_qA\sqrt{\frac{2}{\rho}\Delta p} \tag{2-15}$$

式中，C_q 为流量系数，当液流为完全收缩时，$C_q=0.6\sim0.62$，当液流为不完全收缩时，$C_q=0.7\sim0.8$；A 为过流小孔截面面积；Δp 为流经小孔前后的压力差。

流经薄壁小孔时，由于孔短，其摩擦阻力的作用很小，并与压力差 Δp 的平方根成正比，所以流量受油温和黏度变化的影响小，流量稳定，故在液压元件中常用作节流孔。

2. 流经细长小孔的流量

细长小孔在液压元件中常用作阻尼孔。流经细长小孔的液流，其流量公式为

$$q=\frac{\pi d^4}{128\mu l}\Delta p \tag{2-16}$$

总结各种小孔的流量-压力特性，可以归纳出如下通用公式

$$q = KA\Delta p^m \qquad (2\text{-}17)$$

式中，K 为由孔的形状、尺寸和液体性质决定的系数，对于细长小孔，$K = d^2/(32\mu l)$，对于薄壁小孔和短孔，$K = C_q\sqrt{2/\rho}$；m 为由孔的长径比决定的指数，薄壁小孔的 $m = 0.5$，细长小孔的 $m = 1$，短孔的 $m = 0.5 \sim 1$。

二、液体流经缝隙的流量

液压元件内各零件间要保证相对运动，就必须有适当的缝隙。缝隙太小会使零件运动受阻，造成卡死；缝隙太大则会造成泄漏，影响元件工作性能，污染环境。造成泄漏的原因有两个：一是缝隙两端的压力差引起压差流动；二是缝隙的两配合面间有相对运动引起剪切流动。两种流动同时存在的情况较为常见。

1. 流经平行平板缝隙的流量

（1）流经固定平行平板缝隙的流量　图 2-8 所示为液体在两固定平行平板缝隙中的流动状态，缝隙两端有压力差 $\Delta p = p_1 - p_2$，故属于压差流动。若缝隙高度为 h，宽度为 b，长度为 l，经理论推导可得

$$q = \frac{bh^3}{12\mu l}\Delta p \qquad (2\text{-}18)$$

式中，μ 为油液的动力黏度。

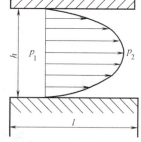

图 2-8　固定平行平板
缝隙中的流动

由式（2-18）可以看出，通过缝隙的流量与缝隙高度 h 的三次方成正比。可见，液压元件缝隙大小对泄漏影响很大，因此密封处应严格减小缝隙量，以减少泄漏。

（2）流经相对运动平行平板缝隙的流量　当一个平板固定，另一平板以速度 u_0 做相对运动时，由于液体存在黏性，紧贴于做相对运动的平板的油液同样以速度 u_0 运动，紧贴于固定平板的油液保持静止，中间液体的速度则呈线性分布，液体做剪切流动，其平均流速 $v = u_0/2$。于是，由于平板运动而使液体流过平板缝隙的流量为

$$q = \frac{bh^3}{12\mu l}\Delta p \pm \frac{u_0}{2}bh \qquad (2\text{-}19)$$

2. 流经环状缝隙的流量

在液压元件中，液压缸与活塞之间的缝隙、换向阀阀芯和阀体之间的缝隙等均属于环状缝隙。

（1）流经同心环状缝隙的流量　图 2-9 所示为液体通过同心环状缝隙时的流动情况，柱塞直径为 d、长度为 l，单侧缝隙高度为 h。如果将同心环状缝隙沿圆周方向展开，就相当于一个平行平板缝隙，因此 $b = \pi d$，由式（2-19）可以得到液体流经同心环状缝隙的流量公式为

$$q = \frac{\pi dh^3}{12\mu l}\Delta p \pm \frac{\pi dh}{2}u_0 \qquad (2\text{-}20)$$

（2）流经偏心环状缝隙的流量　在液压系统中，由于阀芯自重和制造上的原因，孔和圆柱体的配合往往不易保证同心，而是存在一定的偏心度，如图 2-10 所示，这对液体的流

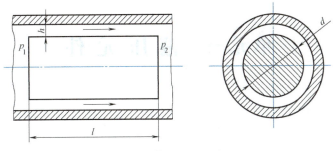

图 2-9　同心环状缝隙

动（泄漏）是有影响的。液体流经偏心环状缝隙的流量公
式为

$$q = \frac{\pi d h^3}{12\mu l}\Delta p(1+1.5\varepsilon^2) \pm \frac{\pi d h}{2}u_0 \qquad (2\text{-}21)$$

式中，ε 为偏心率，$\varepsilon = e/h$，当 $\varepsilon = 0$ 时，即为同心环状缝隙；
当 $\varepsilon = 1$ 时，为最大偏心，其流量为同心环状缝隙流量的 2.5
倍。因此，在液压元件中，应尽量保持相互配合零件的同轴
度，以减小缝隙泄漏量。例如，常在阀芯上开出环形压力平衡
槽，通过压力作用使其能自动对中，从而减小偏心量，减少
泄漏。

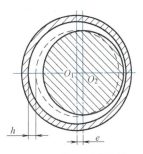

图 2-10　偏心环状缝隙

　　实践与思考：利用注射器或其他简易装置做液体流动动力源，观察液体在流经小孔或
窄缝时，流速、压力上的直观变化；说明如何利用流速、压力上的变化实现调速和调压。

单元三　液压元件

内容构架

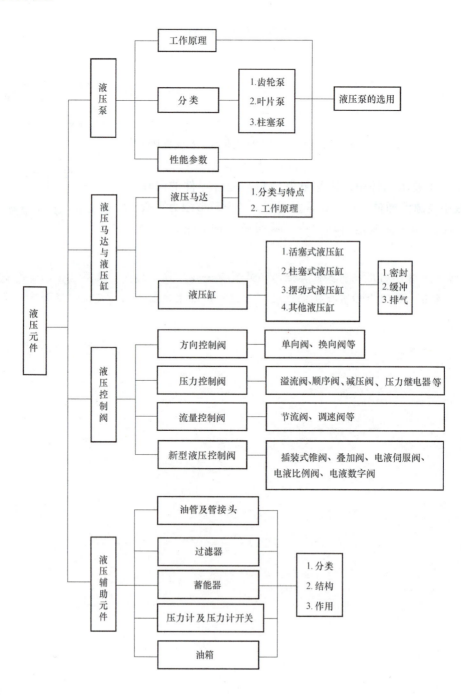

学习引导

液压元件是组成液压传动系统的各类元器件的总称。智能液压元件能替代人工干预来实现液压传动系统性能调节、控制与故障处理功能。常见的液压动力元件是液压泵，它把电动机的机械能转换为流体的压力能，相当于液压系统的心脏，能使液压油运动并进入工作状态，是液压系统不可缺少的核心元件；常见的液压执行元件为液压马达和液压缸，它们是克服负载做功的装置，将流体的压力能重新转换成机械能输出；液压控制阀是液压系统的控制元件，其主要作用是控制流体的压力、流量和方向，以保证执行元件完成预期的工作运动，液压控制阀性能的优劣、工作是否可靠，将直接影响整个系统的正常工作；以上三类元件以外的元件统称为液压辅助元件，如油箱、过滤器、油雾器、蓄能器、压力表等，它们对保证液压系统的可靠性和稳定性有着十分重要的作用。本单元内容是学习液压基本回路和液压系统的重要基础，要给予足够重视。

【目标与要求】

➢ 1. 能说明液压泵的工作原理、作用及分类。

➢ 2. 能说明液压泵的主要性能参数及结构特点，并能绘制和识读其图形符号。

➢ 3. 能分析液压泵压力、排量和流量等参数的含义，并能计算其功率和效率。

➢ 4. 能分别说明齿轮泵、叶片泵、柱塞泵的工作原理及结构组成。

➢ 5. 能根据不同使用场合的要求，正确选用液压泵。

➢ 6. 能叙述液压马达的工作原理、结构特点及基本参数。

➢ 7. 能分析不同类型液压缸的结构及特点。

➢ 8. 能分析单活塞杆式差动液压缸的工作特点，并会计算其活塞速度及推力。

➢ 9. 能分别说明方向控制阀、压力控制阀、流量控制阀的种类、结构、工作原理及作用。

➢ 10. 能识读方向控制阀、压力控制阀、流量控制阀的图形符号。

➢ 11. 能根据工作要求，正确选用各种方向控制阀、压力控制阀、流量控制阀。

➢ 12. 能分析几种常见插装式锥阀的工作原理和功能。

➢ 13. 能叙述电流比例控制阀、电液数字控制阀的结构和作用。

➢ 14. 能分析过滤器、蓄能器、压力计、压力计开关和油箱的作用。

➢ 15. 能说明管接头、过滤器及油箱的典型结构。

【重点与难点】

重点：

● 1. 液压泵的工作原理。

● 2. 液压缸的密封。

● 3. 三位换向阀的中位机能及电液换向阀的工作原理。

● 4. 先导式溢流阀的工作原理及溢流阀的应用。

难点：

● 三位换向阀的中位机能及电液换向阀的工作原理。

课题一 液 压 泵

一、液压泵概述

液压泵是液压系统的动力元件，它把电动机的机械能转换成液压能，从而为系统提供具有一定压力和流量的液压油。目前，液压系统中使用的能源装置都是容积式液压泵。

1. 液压泵的分类

容积式液压泵的种类很多，按其结构形式，分为齿轮泵、叶片泵和柱塞泵等类型；按泵输出油液的方向能否改变，分为单向泵和双向泵；按泵的排量能否改变，分为定量泵和变量泵；按额定压力的高低，分为低压泵、中压泵和高压泵。

常见液压泵的图形符号（GB/T 786.1—2009）如图 3-1 所示。

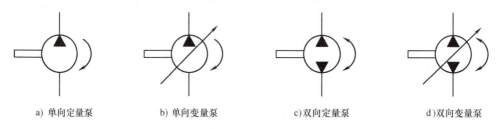

a) 单向定量泵　　　　b) 单向变量泵　　　　c) 双向定量泵　　　　d) 双向变量泵

图 3-1　常见液压泵的图形符号

2. 液压泵的工作原理

图 3-2 所示为单柱塞液压泵的工作原理。泵体 4 的外壳和柱塞 5 构成了一个密封容积 V，偏心轮 6 由电动机带动旋转。当偏心轮 6 转到右方时，柱塞 5 在弹簧 2 的作用下向右移动，容积 V 逐渐增大，形成了局部真空，油箱内的油液在大气压力的作用下，顶开单向阀 1 进入油腔中，实现吸油。当偏心轮 6 向左转动时，推动柱塞 5 向左移动，容积 V 逐渐减小，油液受到柱塞挤压而产生压力，使单向阀 1 关闭，同时顶开单向阀 3 而进入系统，这就是压油过程，从而实现一次吸油-压油循环。只要原动机驱动偏心轮 6 不断旋转，液压泵就不断地进行吸油-压油循环。由此可见，液压泵是通过密封容积的变化来完成吸油和压油的，其排油量的大小取决于密封容积变化的大小，故称为容积式液压泵。为了保证液压泵的正常工作，单向阀 1 和 3 的

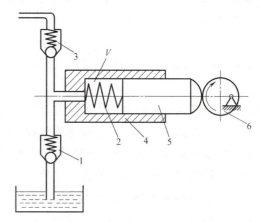

图 3-2　单柱塞液压泵的工作原理
1、3—单向阀　2—弹簧　4—泵体　5—柱塞　6—偏心轮

作用是限定油液从下向上流动，反方向截止，并保证任意时刻吸油腔和压油腔不串通，起配油的作用。为了保证液压泵吸油充分，油箱必须和大气相通。

3. 液压泵的性能参数

（1）压力　液压泵的压力参数主要是指工作压力 p 和额定压力 p_n。工作压力是指液压泵在实际工作中输出油液的压力，即油液克服阻力而建立起来的压力。工作压力取决于外负

载，若外负载增加，则液压泵的工作压力也随之升高。

额定压力是指液压泵在正常工作的条件下，按试验标准规定能连续运转的最高工作压力，即在液压泵铭牌上厂家标注的压力。额定压力在标准 GB/T 2346—2003 中已做规定。应当指出，液压泵的输出压力就是工作压力，由溢流阀调定，它和泵的额定压力是两个概念。工作压力应小于或等于额定压力。

（2）排量　排量是指泵每转一周，根据其密封容积变化计算而得的排出液体的体积，用 V 表示，常用单位为 cm^3/r。排量的大小取决于泵的密封容积大小，而与转速无关。

（3）流量　流量是指液压泵在单位时间内排出的液体体积。有理论流量、实际流量和额定流量（公称流量）之分。

理论流量 q_t 是指泵在单位时间内排出的液体体积，等于泵的排量 V 与其转速 n 的乘积，即

$$q_t = Vn \tag{3-1}$$

实际流量 q_V 是指泵在某工作压力下实际排出的流量。由于泵存在泄漏，所以其实际流量小于理论流量。

额定流量 q_n 是指在泵正常工作的条件下，试验标准规定必须保证的流量，即泵铭牌上标注的流量。

（4）功率

1）输入功率 P_i。液压泵的输入功率是指作用在液压泵主轴上的机械功率，当输入转矩为 T_i、角速度为 ω 时，有

$$P_i = T_i \omega \tag{3-2}$$

2）输出功率 P_o。液压泵的输出功率等于液压泵的实际输出流量 q_V 和工作压力 p 的乘积，即

$$P_o = pq_V \tag{3-3}$$

（5）效率　液压泵在能量转换和传递过程中存在能量损失，如容积损失（泄漏造成的流量损失）和机械损失（摩擦造成的转矩损失）。

由于液压泵存在泄漏，因此，它输出的实际流量 q_V 总是小于理论流量 q_t，假设泄漏量为 Δq_V，则

$$q_V = q_t - \Delta q_V \tag{3-4}$$

1）容积效率是指液压泵的实际流量与理论流量之比，即

$$\eta_V = q_V/q_t \tag{3-5}$$

由此得出液压泵的实际流量公式为

$$q_V = Vn\eta_V \tag{3-6}$$

2）机械效率是指驱动液压泵的理论转矩 T_t 与实际转矩 T_i 的比值，即

$$\eta_m = T_t/T_i \tag{3-7}$$

3）液压泵的总效率 η 为其实际输出功率和输入功率之比，即

$$\eta = P_o/P_i = \eta_V \eta_m \tag{3-8}$$

即液压泵的总效率等于其容积效率和机械效率的乘积。

二、齿轮泵

齿轮泵的结构形式有外啮合式和内啮合式两种。外啮合齿轮泵结构简单，价格低廉，体

积小，重量轻，自吸性能好，对油液污染不敏感，其缺点是流量脉动大、噪声大。内啮合齿轮泵不仅具有结构紧凑、体积小、重量轻等特点，而且运转平稳、噪声小，在高速工作时有较高的容积效率。

1. 外啮合齿轮泵

（1）外啮合齿轮泵的工作原理和结构　图3-3所示为外啮合齿轮泵的工作原理图。齿轮泵在泵体内有一对模数、齿数相同的齿轮，齿轮和泵体以及前后端盖间形成密封工作腔，而啮合线又把它们分隔为两个互不串通的吸油腔和压油腔。当齿轮按图示方向旋转时，吸油腔（右侧）内的轮齿不断脱开啮合，使其密封容积不断增大而形成一定真空，在大气压力作用下从油箱吸进油液，并被旋转的齿轮带到压油腔（左侧）内。左侧压油腔内的轮齿进入啮合时，密封容积减小，油液从轮齿间被挤出输入系统而形成压油。随着齿轮不断旋转，齿轮泵就不断地进行吸油和压油过程。

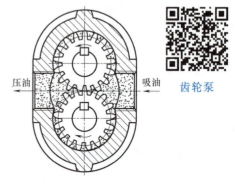

图3-3　外啮合齿轮泵的工作原理图

CB-B型外啮合低压齿轮泵的结构如图3-4所示，为分离三片式结构。三片是指泵体7和前、后泵盖4、8，泵体内装有一对齿数相等且相互啮合的齿轮6。为了使齿轮能灵活地转动，同时使泄漏最小，在齿轮端面和泵盖之间应有适当间隙（0.025~0.04mm）。为了防止泵内油液外泄，同时减小螺钉的拉力，在泵体的两端面上开有封油卸荷槽d，此槽与吸油口相通，泄漏的油由此槽流回吸油口。另外，在

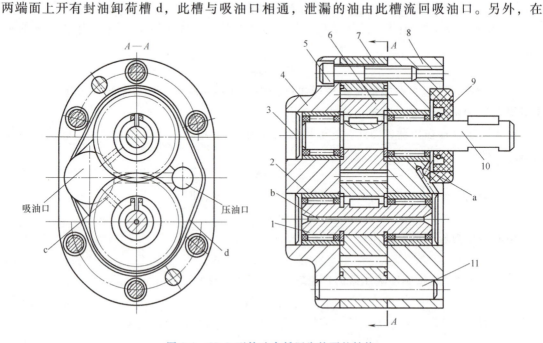

图3-4　CB-B型外啮合低压齿轮泵的结构

1—短轴盖板　2—滚针轴承　3—堵头　4、8—前、后泵盖　5—螺钉

6—齿轮　7—泵体　9—密封圈　10—长轴　11—定位销

a—漏油孔　b—中心通孔　c—通道　d—封油卸荷槽

前、后泵盖中的轴承处钻有漏油孔 a，使轴承处泄漏的油经短轴中心通孔 b 及通道 c 流回吸油口。

齿轮泵工作时，压油腔的压力高，吸油腔的压力很低，对齿轮产生了不平衡径向力，使轴弯曲变形、轴承磨损加快，严重时会导致齿轮齿顶圆与外壳发生摩擦。为了减少不平衡径向力对泵带来的不良影响，CB-B 型齿轮泵采取了缩小压油口的办法，使压油腔的油压仅作用在 1~2 个齿的范围内，并适当增大齿顶圆与泵体内孔之间的间隙（0.13~0.16mm）。

（2）外啮合齿轮泵的结构特点和应用　齿轮泵工作过程中，由于压油腔和吸油腔的压力不同，油液必然会通过间隙泄漏。CB-B 型齿轮泵存在泄漏的部位主要有：①齿轮端面与泵盖间的轴向间隙；②齿顶圆与泵体内腔间的配合间隙；③两齿轮相啮合的齿面啮合处。因此，CB-B 型齿轮泵的泄漏比较严重，不容易建立起高的压力。

CB-B 型齿轮泵存在径向力不平衡的问题，压油腔的压力越高，齿轮轴受到的压力越大，导致齿轮轴产生弯曲变形，使轴承寿命受到影响。鉴于上述原因，CB-B 型齿轮泵只适用于低压液压系统。外啮合齿轮泵的输油量有脉动，因而压力脉动和噪声比较大，所以不宜用于精度要求高的场合。

2. 内啮合齿轮泵

内啮合齿轮泵有渐开线齿轮泵和摆线齿轮泵两种。其中，摆线齿轮泵是一种容积式内啮合齿轮泵，其外转子齿形是圆弧，内转子齿形为短幅外摆线的等距线。

三、叶片泵

叶片泵在机床、自动化生产线等的液压系统中应用很广。和其他液压泵相比，叶片泵具有结构紧凑、外形尺寸小、流量均匀、运转平稳、噪声小等优点，但其结构比较复杂，自吸性能差，对油液污染较敏感。

叶片泵按其输出流量是否可以调节，分为定量叶片泵和变量叶片泵两类。

1. 定量叶片泵

图 3-5 所示为定量叶片泵工作原理图。它主要由定子 1、转子 2、叶片 3、配油盘 4、传

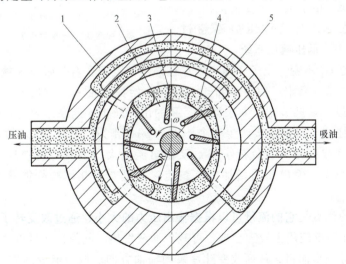

压油　　　　　　吸油

图 3-5　定量叶片泵工作原理图

1—定子　2—转子　3—叶片　4—配油盘　5—传动轴

动轴 5 和泵体等组成，转子和定子同心安装，定子内表面由两段长半径 R 圆弧、两段短半径 r 圆弧和四段过渡曲线，共八部分组成。转子旋转时，叶片靠离心力和根部油压作用伸出并紧贴在定子的内表面上，两两叶片之间和转子的圆柱面、定子内表面及前后配油盘之间形成了一个密封工作腔。当转子如图 3-5 所示沿逆时针方向旋转时，密封工作腔的容积在右上角和左下角处逐渐增大，形成局部真空而吸油，为吸油区；在左上角和右下角处逐渐减小而压油，为压油区。吸油区和压油区之间有一段封油区把它们隔开。

这种泵的转子每转一周，每个密封工作腔吸油、压油各两次，故称双作用叶片泵。泵的两个吸油区和压油区是径向对称的，作用在转子上的径向液压力互相平衡，所以双作用叶片泵又称为平衡式叶片泵。径向液压力的互相平衡使转子轴承的径向载荷得以平衡，所以双作用叶片泵的轴承寿命较长，可承受的工作压力比普通齿轮泵高，常应用于中压液压系统。双作用叶片泵通常做成定量泵。

2. 变量叶片泵

变量叶片泵的工作原理如图 3-6 所示。它由转子 1、定子 2、叶片 5、配油盘 6 等组成，转子和定子有偏心距 e。当电动机驱动转子朝图中箭头方向旋转时，由于离心力的作用，使叶片顶紧定子内表面，这样在定子、转子、叶片和两侧的配油盘之间形成了一个个密封容积。叶片经下半部时，从槽中逐步伸出，密封容积增大，从吸油窗口吸油。叶片经上半部时，被定子内表面逐渐压入槽内，密封容积减小，从压油窗口将油压出。

这种叶片泵每转一周吸油、压油各一次，称为单作用叶片泵。由于转子、轴和轴承等零件承受不平衡的径向液压力作用，故又称为非平衡式叶片泵。由于轴承承受的负荷大，压力提高受到限制，其公称压力不超过 7MPa，故常用于中、低压液压系统。

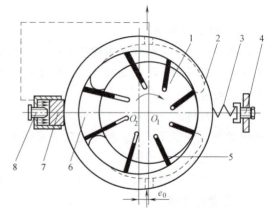

图 3-6　变量叶片泵的工作原理

1—转子　2—定子　3—弹簧　4—调压螺钉　5—叶片　6—配油盘　7—反馈柱塞　8—流量调节螺钉

转子 1 的中心 O_1 不变，定子 2 则可以左右移动，定子在右侧限压弹簧 3 的作用下，被推向左端和反馈柱塞 7 靠牢，使定子和转子间有原始偏心量 e_0，它决定了泵的最大流量。e_0 的大小可以通过流量调节螺钉 8 来调节。泵的出口压力 p 经泵体内通道作用于左侧反馈柱塞 7 上，反馈柱塞 7 对定子 2 产生一个作用力 pA（A 为柱塞面积）。泵的工作压力 p 取决于外负载，随负载变化。当负荷小时，泵输出流量大，负载可快速移动；当负荷增加时，泵输出流量变少，输出压力增加，负载速度降低。如此可减少能量消耗，避免油温上升。

变量叶片泵的优点是它的流量可以根据输出压力的大小，通过改变转子和定子之间的偏心距 e 来调节，在功率使用上较为合理，可减少油液发热。此外，还可以通过改变偏心方向来调换叶片泵的进、出油口，从而改变叶片泵的输油方向。调节流量的方式可以是手动的，也可以是自动的。由于其流量、压力可调，故多应用于组合机床的进给系统，以实现快进、工进和快退以及工件夹紧等运动。但也存在结构复杂、泄漏和噪声大等缺点。

四、柱塞泵

1. 柱塞泵的工作原理和结构

柱塞泵是依靠柱塞在缸体内往复运动，使密封容积产生变化，来实现吸油、压油的。柱塞泵按柱塞排列方向不同，可分为径向柱塞泵和轴向柱塞泵两大类。下面以轴向柱塞泵为例，介绍柱塞泵的工作原理和结构。

轴向柱塞泵是指柱塞在缸体内轴向排列并沿圆周均匀分布，柱塞的轴线平行于缸体旋转轴线。轴向柱塞泵按其结构特点，可分为斜盘式和斜轴式两类。斜盘式轴向柱塞泵的工作原理如图 3-7 所示。轴向柱塞泵的柱塞平行于缸体轴线，由柱塞 5、缸体 7、配油盘 10 和斜盘 1 等组成。配油盘和斜盘固定不动，斜盘法线和缸体轴线的夹角为 γ，缸体由传动轴 9 带动旋转，柱塞沿圆周均匀分布。套筒 4 在弹簧 6 的作用下，通过压板 3 使柱塞头部的滑履 2 和斜盘靠牢，同时套筒 8 使缸体和配油盘紧密接触，起密封作用。当缸体与柱塞、配油盘间的密封容积增大或缩小时，通过配油盘的吸油窗口和压油窗口进行吸油与压油。缸体每转一周，每个柱塞往复运动一次，完成一次吸油、压油动作。

如果改变斜盘倾角 γ 的大小，就能改变柱塞的行程长度，也就改变了泵的排量。如果改变斜盘倾角 γ 的方向，则能改变泵的吸油、压油方向，就成为双向变量轴向柱塞泵。

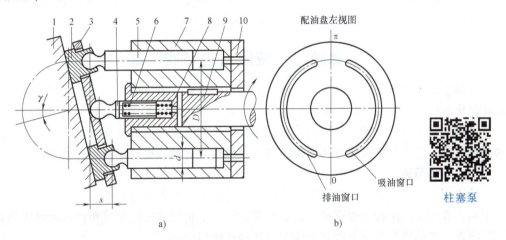

图 3-7　斜盘式轴向柱塞泵的工作原理

1—斜盘　2—滑履　3—压板　4、8—套筒　5—柱塞　6—弹簧　7—缸体　9—传动轴　10—配油盘

2. 柱塞泵的特点和应用

与齿轮泵、叶片泵相比，柱塞泵有以下特点：

1）工作压力高。由于柱塞与缸体柱塞孔均为圆柱表面，因此加工方便，配合精度高，密封性能好，容积效率高，工作压力一般为 20~40MPa，最高可达 100MPa。

2）柱塞处于受压状态，能使材料强度性能得以充分发挥，寿命长，单位功率重量小。

3）只要改变柱塞的工作行程就能改变泵的排量，容易实现单向或双向变量，常用于大功率高压液压系统中。

4）流量范围大。只要适当地加大柱塞直径、行程或增加柱塞数目，流量便能增大。

由上可知，柱塞泵常用于高压、大流量、大功率和流量需要调节的液压系统，如工程机械、压力机、龙门刨床、拉床等的液压系统。但柱塞泵的结构比较复杂，对材料及加工精度要求高，价格昂贵，故一般在其他类型的液压泵达不到要求时才采用。

除了上述四种液压泵外，螺杆泵因具有结构紧凑、输出流量均匀、体积小、重量轻、噪声小等优点，应用也较为广泛，特别适用于对压力和流量稳定性要求较高的精密机械。螺杆泵的自吸性能好、允许转速较高、流量大，也常用在大型液压系统中做补油泵。

五、液压泵的选用

液压泵的合理选择能降低液压系统的能耗，提高液压系统的效率，改善工作性能，保证系统可靠性，降低噪声。

液压泵的选用步骤为：①根据主机工况、功率大小和使用场合，确定液压泵的类型；②按系统所要求的压力、流量大小，确定其型号规格；③考虑功率的合理利用、系统的发热、经济性和环保等问题。在确定液压泵类型时，可参考以下原则：

1）精度较高或对噪声指标要求高的设备，可选用双作用叶片泵。
2）额定压力要求较高、负载大、功率大的设备，可选用柱塞泵。
3）轻载、小功率的液压设备，可选用齿轮泵和双作用叶片泵。
4）筑路机械或送料等辅助装置中，可选择抗污染能力强、价格低廉的齿轮泵。

> **实践与思考**：观察实训室里的液压泵，写出任意一台液压泵的技术性能指标，如型号、额定转速、额定压力、额定流量、油液牌号等。

课题二　液压马达与液压缸

实际生产中经常用到各种液压设备，如液压千斤顶、液压压力机等，它们的某些运动必须靠液压系统中的相关元件来带动，这种元件就是液压系统的执行元件。液压系统中的执行元件一般有液压马达和液压缸两种。两者的区别是：液压马达将液体的压力能转化为旋转运动的机械能；液压缸将液体的压力能转变为直线往复运动或摆动运动的机械能。

一、液压马达

从原理上来讲，液压泵与液压马达之间是可逆的，但由于泵和液压马达的作用与工作条件不同，故在实际结构上也存在一定的区别，除了个别型号的齿轮泵和柱塞泵可作为液压马达使用外，其他液压泵是不能直接作为液压马达使用的。

液压马达的图形符号如图3-8所示。

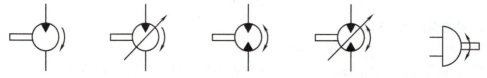

a)单向定量液压马达　b)单向变量液压马达　c)双向定量液压马达　d)双向变量液压马达　e)摆线液压马达

图3-8　液压马达的图形符号

1. 液压马达的分类

液压马达按结构可分为齿轮式、叶片式和柱塞式三大类；按额定转速可分为高速和低速两大类。

（1）齿轮式液压马达　齿轮式液压马达用于高转速、小转矩的场合，也用作笨重物旋转的传动装置。由于笨重物的惯性起到了飞轮的作用，可以补偿旋转的波动性，因此在起重设备中应用比较多。值得注意的是，齿轮式液压马达输出转矩和转速的脉动性较大，径向不平衡，在低速旋转及负荷改变时稳定性较差。摆线液压马达是一种利用与行星减速器类似的原理制成的内啮合摆线齿轮液压马达，其转子与定子是一对摆线针齿啮合副，简称摆线马达。

（2）叶片式液压马达　叶片式液压马达最大的特点是体积小，惯性小，因此动作灵敏，允许换向频率高。但是，其工作时泄漏较大，低速下不稳定，力学性能较软，调速范围也不能太大，适用于高转速、小转矩、需要频繁换向和动作要求灵敏的场合，例如磨床回转工作台的驱动，内、外圆磨床的主轴驱动和对力学性能要求不严格的地方，以及调速范围不大的夹紧装置。

（3）柱塞式液压马达　轴向柱塞式液压马达因输出转矩较齿轮式液压马达和叶片式液压马达大，且容积效率较高，因此常用于工程机械、矿山机械、起重机械等。径向柱塞式液压马达是一种低速液压马达，具有良好的反向特性，为了获得低速和大转矩，常采用高压和大排量，其体积和转动惯性很大，不能用于要求反应灵敏和需要频繁换向的场合。

2. 叶片式液压马达的工作原理

图3-9所示为叶片式液压马达的工作原理。当液压油从进油口进入压力腔后，两相邻叶片间的密封容积中充满着液压油。叶片2和6两侧面均受高压油作用，但由于作用力相等，受力平衡，因此不产生转矩。而叶片3、7和1、5的一侧受高压油的作用，另一侧处于回油腔中，受低压油作用，因此每个叶片的两侧受力不平衡，故叶片3、7上产生逆时针方向的转矩，叶片1、5上产生顺时针方向的转矩。但由于叶片3、7伸出的长度长，受力面积大，而叶片1、5伸出的长度短，受力面积小，所以叶片3、7上产生的逆时针方向的转矩大于叶片1、5上产生的顺时针方向的转矩，因此转子在合成转矩的作用下沿逆时针方向旋转。如果改变输入方向，则液压马达反转。一般情况下，要求液压马达能够双向旋转，这样才能满足工作机构的要求。

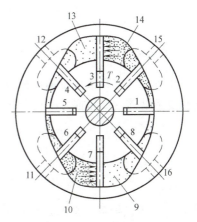

图3-9　叶片式液压马达的工作原理
1~8—叶片　9、13—回油腔　10、14—压力腔　11、15—进油口　12、16—回油口

二、液压缸

液压缸按结构形式不同，可分为活塞式、柱塞式和摆动式三种。按作用方式不同，可分为单作用式和双作用式两种，单作用式液压缸是指液压力只能使活塞（或柱塞）单方向运动，反方向运动必须靠外力（如弹簧力或自重等）实现；双作用式液压缸可由液压力实现两个方向的运动。液压缸除了可以单个使用外，还可以几个组合起来或与其他机构组合起来使用，以实现某些特殊功能。图3-10所示为几种常用液压缸的图形符号。

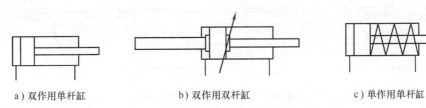

a）双作用单杆缸　　　　　　b）双作用双杆缸　　　　　　c）单作用单杆缸

图3-10　几种常用液压缸的图形符号

1. 活塞式液压缸

活塞式液压缸有双活塞杆液压缸和单活塞杆液压缸两种。

（1）双活塞杆液压缸　双活塞杆液压缸的两端都有活塞杆伸出，分为缸体固定和活塞杆固定两种。图 3-11 所示为一平面磨床的工作台驱动缸，它是实心双活塞杆液压缸。其缸体 6 固定在床身上，由支架 9 和螺母 10 将活塞杆与工作台连接在一起。当液压缸的左腔进油、右腔回油时，活塞 5 拖动工作台向右运动；反之，活塞 5 拖动工作台向左运动。工作时，油液经孔 a（或 b）、导向套 3 的环形槽和端盖 8 上部的小孔进入（或流出）液压缸。由于活塞杆工作时受拉，故直径较小。压盖 1 可适当地压紧密封圈 2，从而保证活塞杆 7 处的密封效果。密封垫 4 可以防止油液从缸体 6 与端盖的接合面处泄漏。

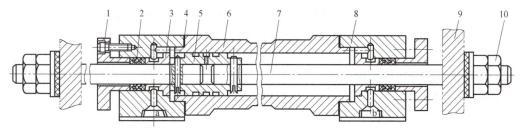

图 3-11　实心双活塞杆液压缸

1—压盖　2—密封圈　3—导向套　4—密封垫　5—活塞　6—缸体　7—活塞杆　8—端盖　9—支架　10—螺母

由于双活塞杆液压缸两腔的有效作用面积相等，当供油压力 p 和流量 q_V 不变时，活塞的往复运动速度 v 和推力 F 也相等，它们的计算公式为

$$v = \frac{q_V}{A} = \frac{4q_V}{\pi(D^2 - d^2)} \tag{3-9}$$

$$F = pA = p\frac{\pi(D^2 - d^2)}{4} \tag{3-10}$$

式中，q_V 为供给液压缸的流量；A 为液压缸的有效工作面积；p 为供油压力；D、d 分别为液压缸内径和活塞杆直径；v 为活塞的运动速度；F 为液压缸的推力。

（2）单活塞杆液压缸　单活塞杆液压缸也分缸体固定和活塞固定两种形式。图 3-12 所示为液压动力滑台的单活塞杆液压缸。空心活塞杆 4 固定在基座上，缸体 3 经支架 2 与工作台相连。液压缸的左腔与空心活塞杆内的油管

单杠活塞杠

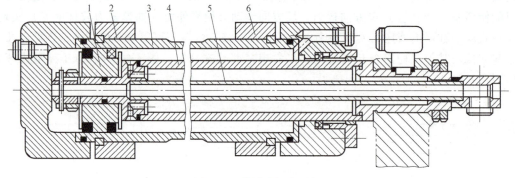

图 3-12　单活塞杆液压缸

1—活塞　2、6—支架　3—缸体　4—活塞杆　5—油管

5 相通，右腔经空心活塞杆内孔与床身上的接头相通。

单活塞杆液压缸仅在活塞一侧有活塞杆，所以左右两腔的有效作用面积不相等，即使在相同的供油压力和流量下，活塞往复运动时的速度和推力也不相等。如图 3-13 所示，当液压缸的供油量 q_V 和供油压力 p 相同，单活塞杆液压缸以无杆腔进油、有杆腔进油和差动连接三种不同方式进油时，活塞移动的速度及活塞上产生的推力是不相等的。

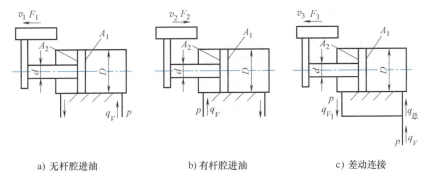

a）无杆腔进油　　　　　　b）有杆腔进油　　　　　　c）差动连接

图 3-13　单活塞杆液压缸的进油方式

1）无杆腔进油时，活塞运动速度 v_1 和推力 F_1 分别为

$$v_1 = \frac{q_V}{A} = \frac{4q_V}{\pi D^2} \tag{3-11}$$

$$F_1 = pA_1 = \frac{\pi D^2}{4} p \tag{3-12}$$

2）有杆腔进油时，活塞运动速度 v_2 和推力 F_2 分别为

$$v_2 = \frac{q_V}{A_2} = \frac{4q_V}{\pi (D^2 - d^2)} \tag{3-13}$$

$$F_2 = pA_2 = p \frac{\pi (D^2 - d^2)}{4} \tag{3-14}$$

3）当向单活塞杆液压缸的左右两腔同时通液压油时，即为差动连接。差动连接是在不改变输入流量的前提下，将液压缸两腔直接接通，以达到提高活塞运动速度的目的。当液压油同时进入单杆液压缸左右两腔时，由于无杆腔总推力较大，迫使活塞向左移动，从有杆腔排出的油液与泵供给的油液汇合后，一起流入无杆腔。活塞运动速度 v_3 和推力 F_3 分别为

$$v_3 = \frac{q_V + q_{V_1}}{A_1} = \frac{q_V + v_3 A_2}{A_1} = \frac{4q_V}{\pi d^2} \tag{3-15}$$

$$F_3 = p(A_1 - A_2) = \frac{\pi d^2}{4} p \tag{3-16}$$

由上述公式可知，在相同条件下，差动连接时液压缸推力小、速度快，易实现活塞杆的快速移动。故单活塞杆差动连接方式被广泛应用于组合机床的液压动力滑台和其他要求快速运动的设备中，以实现"快进→工进→快退"的工作循环。"快进"即空行程，负载较小，采用差动连接可使 v_3 和 F_3 符合要求；"工进"时负载大，但速度较慢，无杆腔进油可以满足要求。实际生产中，为保证快进速度 v_3 与快退速度 v_2 相等，可取 $D = \sqrt{2} d$。

2. 柱塞式液压缸

图3-14所示为柱塞式液压缸，它是一种单作用液压缸，柱塞与工作部件连接，缸筒固定在机体上。由于柱塞和缸筒内壁不接触，因此缸筒内孔不需要精加工，其工艺性好、结构简单，适用于行程较长的场合，如龙门刨床、导轨磨床、大型拉床等。柱塞式液压缸仅能实现单方向运动，回程需要靠自重（缸竖直放置时）或其他外力的作用实现。成对使用柱塞式液压缸也能实现双向往复运动，如图3-14c所示。

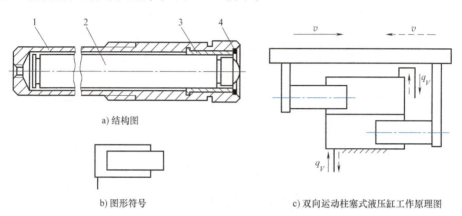

a) 结构图

b) 图形符号　　　　　　　　c) 双向运动柱塞式液压缸工作原理图

图3-14　柱塞式液压缸
1—缸筒　2—柱塞　3—导向套　4—钢丝卡圈

由于柱塞在工作时总是受压，因此柱塞一般较粗，重量较大，水平安装时易产生单边磨损，故柱塞式液压缸更适合竖直安装使用，也可制成空心柱塞以减轻自重。

3. 摆动式液压缸

摆动式液压缸又称摆动液压马达，可实现往复摆动并能输出转矩。它有单叶片和双叶片两种形式，其摆动范围分别不大于300°和150°。图3-15所示为单叶片摆动式液压缸的工作原理图，定子块1固定在缸体2上，摆动输出轴3上装有叶片4，定子块1和叶片4将缸体内空间分成两腔。当油口a通液压油，而油口b回油时，叶片4产生转矩带动摆动输出轴3按图中方向摆动；反之，当油口b通液压油，而油口a回油时，叶片4带动摆动输出轴3按与图中相反的方向摆动。两油口交替通入液压油时，叶片即带动输出轴做往复摆动。

摆动式液压缸结构紧凑、输出转矩大，但密封困难，一般用于中低压系统，如工业机器人手臂和手腕的回转夹具、机床送料机构、回转夹具和间歇进给机构等。

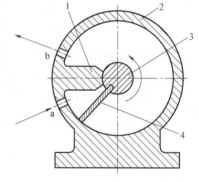

图3-15　单叶片摆动式液压缸的工作原理图
1—定子块　2—缸体　3—摆动输出轴　4—叶片

4. 其他液压缸

（1）伸缩式液压缸　伸缩式液压缸简称伸缩缸，是一种多级液压缸，由两个或两个以上的活塞缸套装而成，它的推力和速度是分级变化的。图3-16a所示为双作用伸缩式液压缸结构示意图，它由两套活塞缸套装而成，套筒活塞2对缸体5是活塞，对活塞3则是缸体。当液压油从a口进入时，有效工作面积大的套筒活塞 2 先运动，速度低、推力大；当套筒活塞 2 全部伸出后，活塞 3 才开始运动，此时，运动速度大、推力小。当液压油从 b 口进入时，在活塞 3 全部缩回后，套筒活塞 2 才开始返回。其特点是行程大而结构紧凑，适用于翻斗车、挖掘机、起重机的伸缩臂，火箭发射台及自动线的输送带等设备的液压系统。图 3-16b、c 所示为伸缩式液压缸的图形符号。

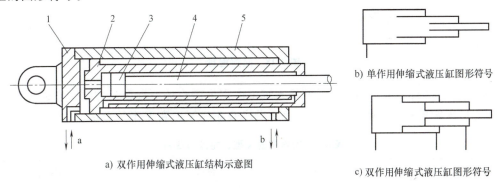

a) 双作用伸缩式液压缸结构示意图

b) 单作用伸缩式液压缸图形符号

c) 双作用伸缩式液压缸图形符号

图 3-16　伸缩式液压缸

1—端盖　2—套筒活塞　3—活塞　4—活塞杆　5—缸体

（2）无杆液压缸　无杆液压缸又称齿条活塞缸，属于组合液压缸，由带有齿条杆的双活塞液压缸和齿轮齿条机构组成，如图 3-17 所示。液压油推动活塞左右往复直线运动时，经齿轮齿条机构变成了周期性的回转运动，用于实现往复摆动或间歇进给运动。无杆液压缸常用于机械手、自动线、回转夹具、组合机床的转位或分度机构的液压系统中。

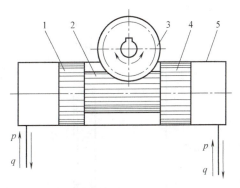

图 3-17　无杆液压缸的工作原理

1、4—活塞　2—齿条杆　3—齿轮　5—缸体

5. 液压缸的密封、缓冲和排气

从上述几种典型液压缸的结构中可以看出，液压缸的结构基本上可以分为缸体和端盖、活塞和活塞杆、密封装置、缓冲装置和排气装置五个部分。设计液压缸时，除需要通过计算来确定主要尺寸外，结构方面还应考虑液压缸的密封、缓冲和排气装置。

（1）液压缸的密封　液压缸密封装置的作用是防止油液泄漏和灰尘侵入，保证正常的工作压力。密封性能的好坏直接影响液压缸的工作性能和效率。所用的密封装置在一定的压力下应具有良好的密封性能，同时要求其结构简单，寿命长，摩擦阻力小，成本低。常见的密封方法有间隙密封和密封圈密封两种。

1）间隙密封　间隙密封是依靠相对运动零件配合面之间的微小间隙来防止泄漏的，如图 3-18 所示。活塞与缸体之间的配合间隙 δ 必须足够小，一般控制 $\delta = 0.02 \sim 0.05\text{mm}$。活塞外圆表面上开有若干个环形槽，其作用是使活塞四周均匀作用液压油，以利于活塞的对中。这种密封形式结构简单，摩擦阻力小，但不能完全阻止泄漏，且配合尺寸较大时加工困难，因而只适合速度较快、压力不高、尺寸较小的液压缸使用。

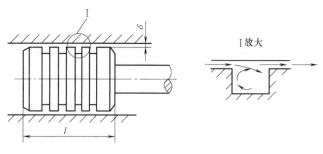

图 3-18　间隙密封

2）密封圈密封。密封圈密封是液压系统中应用最广泛的一种密封方法，它通过密封圈本身的变形来实现密封。密封圈的截面通常做成 O 形、Y 形和 V 形等形状，见表 3-1。

表 3-1　密封圈的类型、特点与应用

类型	图示	特点	应用场合
O 形密封圈		一般采用丁腈橡胶制成，横截面为圆形；结构简单，制造容易，摩擦阻力小，安装使用方便，成本低	可用于内径密封，也可用于外径密封；可用于动密封，也可用于静密封；高、低压系统均可使用
Y 形密封圈		一般也采用丁腈橡胶制成，其横截面呈 Y 形；依靠液压油将略微张开的两唇边压向零件表面而实现密封，其密封性能随压力的升高可相应提高；密封可靠，摩擦阻力较小	广泛应用于往复动密封装置中，工作温度为 -30~80℃，工作压力为 20MPa
V 形密封圈	支承环　密封环　压紧环	用带夹织物的橡胶制成，由支承环、密封环、压紧环叠合组成；装配时应注意其开口方向；压力高于 10MPa 时可增加密封环数量；密封性能好，但摩擦力较大，结构复杂	用于大直径、高速柱塞或活塞以及低速运动活塞杆的密封

（2）液压缸的缓冲　为了避免活塞运动到缸体终端时撞击端盖而产生冲击和噪声，大型、高速或高精度液压缸中应设置缓冲装置，如图 3-19 所示。缓冲装置的工作原理：当活塞接近端盖时，对液压缸的回油进行节流，以增大回油阻力，降低活塞运动速度，避免撞击液压缸端盖。图 3-19a 所示为利用缓冲柱塞与端盖凹腔的间隙 δ 来实现节流，使回油腔中的压力升高而形成缓冲压力，从而使活塞运动速度减慢。图 3-19b 所示为在缓冲柱塞上开有三

角形槽，解决了图 3-19a 中行程末端缓冲效果减弱的问题。图 3-19c 所示为可调节流式缓冲装置，在缓冲过程中，当缓冲柱塞进入 b 腔时，回油腔 a 中的油液经可调节流阀流出，使活塞速度得以降低。调节节流阀的通流面积大小，便可限制缓冲腔内的缓冲压力，以适应不同负载和速度对缓冲的要求。活塞反向运动时，油液从单向阀进入液压缸，可实现快速起动。

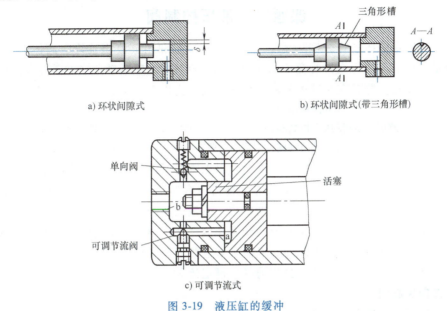

a) 环状间隙式　　　　　　　　　　b) 环状间隙式(带三角形槽)

c) 可调节流式

图 3-19　液压缸的缓冲

（3）液压缸的排气　液压系统在安装或停止使用时会有空气渗入，积聚的空气不仅影响运动平稳性，还会导致低速爬行，换向精度下降，甚至引起起动冲击，因此一般应在工作前将空气排尽。

一般液压缸可不设专门的排气装置，只需将通油口布置在缸体两端的最高处，由进出的油液将空气带走即可。对速度稳定性要求较高的液压缸，则需设置专门的排气装置，如排气阀、排气塞等。图 3-20a 所示为两种不同结构的排气塞。

图 3-20b 所示为磨床上常用的排气装置，排气阀的两个油口与液压缸两腔分别相连，另一油口接通油箱。在液压系统工作前，先打开排气阀，液压缸空载往复运动，缸内空气与油

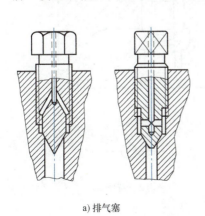

a) 排气塞　　　　　　　　　　　　　b) 磨床上常用的排气装置

图 3-20　排气装置

液一起被排回油箱；往复运动数次空气排尽后，拧紧排气阀，液压缸便可开始正常工作。

> **实践与思考：** 叶片马达既可正转又可反转，采用了什么方法使叶片根部总是通液压油？

课题三　液压控制阀

液压控制阀是液压系统的控制元件，其作用是控制和调节液压系统中液体的流动**方向**、**压力和流量**，以满足执行元件改变运动方向、克服负载和调整运动速度的需要。液压控制阀的种类很多，通常按照它在系统中所起的作用不同分为以下三类。

液压控制阀 $\begin{cases} \text{**方向控制阀**：单向阀、换向阀等} \\ \text{**压力控制阀**：溢流阀、顺序阀、减压阀、压力继电器等} \\ \text{**流量控制阀**：节流阀、调速阀等} \end{cases}$

有时为了简化系统结构，常将两个或两个以上阀类元件的阀芯安装在一个阀体内，制成独立单元，如单向顺序阀、单向节流阀等，称为组合阀。也可在基本类型阀上加装控制部分，构成智能控制阀或特殊阀，如电液伺服阀、电液比例阀、电液数字阀等。

各类阀虽然功能不同，但结构和原理却有相似之处，即几乎所有阀都由**阀体**、**阀芯**和**控制部分**组成；都是通过改变油液的通路或液阻来进行调节和控制的。

液压控制阀有两个基本参数：**公称通径**和**额定流量**。

一、方向控制阀

方向控制阀分为**单向阀**和**换向阀**两类。

1. 单向阀

（1）普通单向阀　普通单向阀简称单向阀，主要由阀体、阀芯和弹簧组成，其作用是控制油液沿一个方向流动，而反方向截断。液压系统对单向阀的要求：液体正向流动时的能量损失要小；反向截止时的密封性要好；动作灵敏。如图 3-21 所示，单向阀按阀芯形状可分为**球阀式**和**锥阀式**；按液流流

普通单向阀

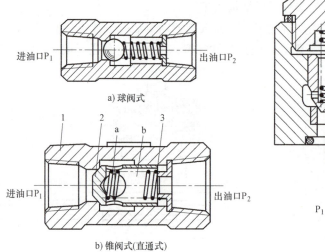

a）球阀式

b）锥阀式（直通式）

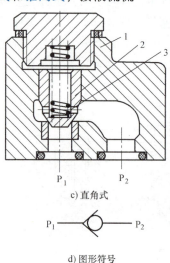

c）直角式

d）图形符号

图 3-21　单向阀

1—阀体　2—阀芯　3—弹簧

向可分为直通式和直角式。当 P_1 进油时，液压力推动阀芯 2 右移，液压油通过阀芯上的径向小孔流入阀芯内腔，从 P_2 出油；反过来，若 P_2 接进油端，则油液被阀芯 2 封堵，无法流通。

单向阀中的弹簧主要用来克服阀芯的摩擦阻力和惯性力，并保证单向阀的关闭迅速可靠。通常选取的弹簧刚度较小，以使单向阀动作灵敏、可靠，避免产生较大的压降。一般单向阀的开启压力为 0.035~0.05MPa，油液以额定流量通过时，压力损失不应超过 0.1~0.3MPa。作为背压阀使用时，应换上刚度较大的弹簧，开启压力为 0.2~0.6MPa。单向阀常与节流阀组合，用来控制执行元件的速度。单向阀常被安装在泵的出口，一方面防止压力冲击影响泵的正常工作；另一方面防止泵不工作时系统油液倒流回油箱。另外，它也常被用来分隔油路，以防止高低压互相干扰。

（2）液控单向阀 如图 3-22 所示，液控单向阀是在普通单向阀的基础上加设了控制油口 K。当控制油口 K 不通液压油时，与普通单向阀的作用相同；当控制油口 K 接通液压油时，液压油推动控制活塞 1，经推杆 2 顶开锥阀阀芯 3，使油口 P_1 和 P_2 接通，油液即可双向流动。L 口是控制油液的回油口。液控单向阀通过控制流体压力，可以使单向阀反向流通，具有较好的密封性，其作用是保持压力，可用于液压缸的支承或作为充油阀使用，也称液压锁。这种阀在煤矿机械的液压支护设备中应用较多。

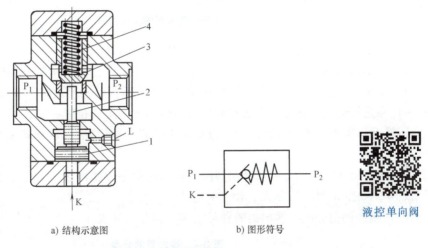

a) 结构示意图　　　　　b) 图形符号

液控单向阀

图 3-22　液控单向阀

1—控制活塞　2—推杆　3—锥阀阀芯　4—弹簧

2. 换向阀

换向阀的作用是利用阀芯和阀体间相对位置的改变，控制油液的流动方向及液流的接通或断开。对换向阀的要求：油路接通时，压力损失要小；油路断开时，泄漏要小；换向可靠，动作平稳、迅速。

（1）换向阀的工作原理 图 3-23 所示为滑阀式换向阀的工作原理。换向阀阀体上开有 4 个通油口 P、A、B、T。在代表换向阀通油口的字母中，P 表示与系统供油路接通的液压油口，T 表示与油箱连通的回油口，A、B 表示与执行元件（液压缸）相通的工作油口。当阀芯处于图 3-23a 所示位置时，油口 P 与 B 相通，A 与 T 相通。此时液压油可从 P 口进入，经 B 口输出而进入液压缸的一腔，液压缸另一腔的回油到 A 口，从 T 口回油箱。当阀芯处于图 3-23b 所示位置时，油口 P 与 A 相通、B 与 T 相通，液压油从 P 口进入，经 A 口输出进入液压缸，回油从 B 口经 T 口回油箱，油液的流动方向发生改变，执行机构的运动方向也随之发生改变。

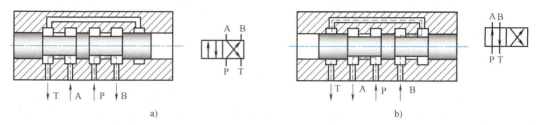

a)   b)

图 3-23 滑阀式换向阀的工作原理

（2）换向阀的图形符号 换向阀的图形符号如图 3-24 所示。

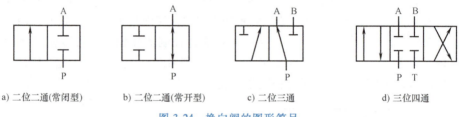

a) 二位二通(常闭型)   b) 二位二通(常开型)   c) 二位三通   d) 三位四通

图 3-24 换向阀的图形符号

1）方框表示滑阀的工作位置，有几个方框就表示是几位阀。

2）方框内的箭头表示相应油口的接通，"⊥"或"丅"表示液流通道被关闭。

3）箭头首尾、"⊥"和"丅"与方框的交点表示阀的接出通路，有几个交点即为几通。

4）靠近控制方式的方框表示在此控制力作用下的工作位置；三位换向阀的中格和二位换向阀靠近弹簧的一格为常态位置（或称静止位置、零位置），即阀芯未受到控制力作用时所处的位置。

5）液压原理图中，一般按换向阀图形符号的常态位置绘制。二位二通阀有常闭型和常开型之分，如图 3-24a、b 所示，使用时应注意区分。

（3）换向阀的分类 换向阀的种类很多，其分类见表 3-2。

表 3-2 换向阀的分类

分类方式	类型
按阀芯结构及运动方式分	滑阀式、转阀式、锥阀式
按阀的工作位置数和通路数分	二位二通、二位三通、二位四通、二位五通、三位四通、三位五通等
按阀的操纵方式分	手动、机动、电动、液动、电液动
按阀的安装方式分	管式连接、板式连接、法兰式连接

（4）几种常见的换向阀 因滑阀式换向阀方便采用各种控制方式，且在高压和低压情况下皆可使用，所以在液压传动系统中得到了广泛应用。下面介绍几种常见的滑阀式换向阀。

1）机动换向阀。也称为行程阀，它利用安装在工作台上的行程挡块或凸轮迫使阀芯移动，从而控制液流方向和油路的通断。图 3-25 所示为二位二通常闭式机动换向阀。在图示状态下，阀芯 4 被弹簧 5 压向左端，进油口 P 和 A（接工作腔）断开。当滚轮 2 被挡块 1 推向右端时，油口 P 和 A 相通。机动换向阀以二位阀居多，有二通、三通、四通、五通等情况。二位二通阀又有常开和常闭两种形式。机动换向阀具有结构简单、动作可靠、换向位置精度高等特点，常用于要求换向性能好、布置方便的场合。

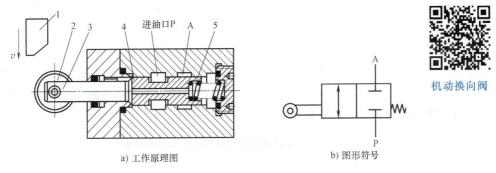

a) 工作原理图 b) 图形符号

图 3-25　二位二通常闭式机动换向阀

1—挡块　2—滚轮　3—推杆　4—阀芯　5—弹簧

2) 电磁换向阀。

① 电磁换向阀的工作原理。电磁换向阀利用电磁铁吸力操纵阀芯换位来控制液流方向和油路的通断。其特点是操作简单，动作迅速，便于布局，易于实现动作转变的自动化。电磁换向阀是换向阀中品种最多、应用最广泛的一种，但电磁铁吸力有限，故只宜用于流量不大的液压系统，流量大的液压系统可采用液动换向阀或电液动换向阀。

图 3-26 所示为三位四通电磁换向阀的结构示意图和图形符号。当电磁铁断电时，两边

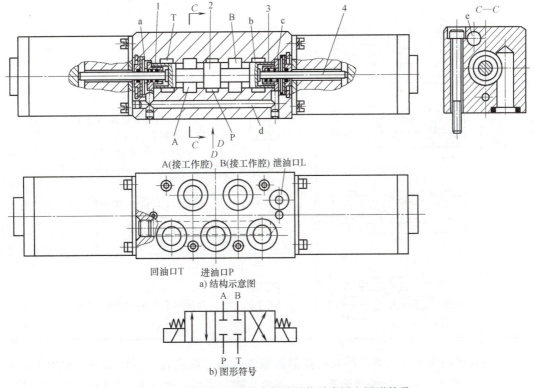

A(接工作腔)　B(接工作腔)　泄油口L

回油口T　　进油口P

a) 结构示意图

b) 图形符号

图 3-26　三位四通电磁换向阀的结构示意图和图形符号

1、3—弹簧　2—阀芯　4—推杆

的弹簧 1 和 3 使阀芯 2 处于中间位置,这时油口 P、T、A、B 互不相通。当左边电磁铁通电时,电磁力经推杆 4 将阀芯 2 推向右端,P 口液压油经 A 口进入执行元件(液压缸),回油则从 B 口经小孔 d、回油口 T 引至油箱。反之,当右边电磁铁通电时,B 口与 P 口相通,A 口与 T 口相通。如果将环槽 b 直接引回油箱,则此三位四通换向阀就变成了三位五通阀。

②三位换向阀的中位机能。滑阀机能是指当三位换向阀的阀芯处于常态位置时,各油口的连通方式。不同中位机能有不同特点,但不同中位机能的阀其阀体通用,仅阀芯台肩结构、尺寸及内部通孔情况有所不同。设计液压系统时,如果能够巧妙地选择中位机能,则可用较少的元件实现回路所需要的功能。三位四通换向阀常用的中位滑阀机能见表 3-3。

表 3-3　三位四通换向阀常用的中位滑阀机能

机能形式	结构简图	中位符号	机能特点
O	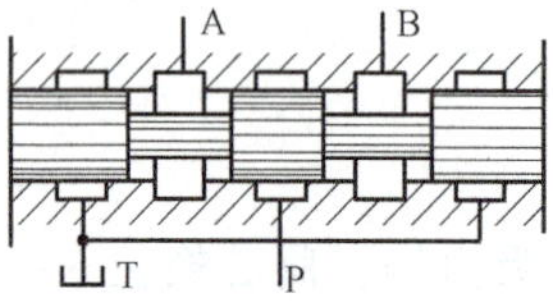	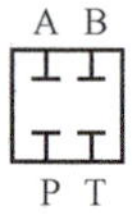 A B / P T	各油口全部关闭,系统保持压力,执行元件闭锁,可用于多个换向阀并联工作
H	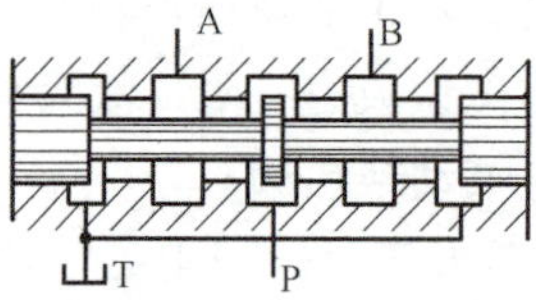	 A B / P T	各油口全部连接,液压泵卸荷,液压缸活塞两腔连通,处于浮动状态,在外力作用下可移动,换向平稳性较好
Y	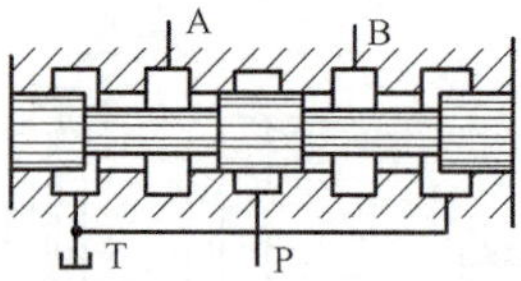	 A B / P T	A、B、T 口连通,P 口保持压力,液压缸活塞两腔连通,处于浮动状态,换向平稳性较好
P	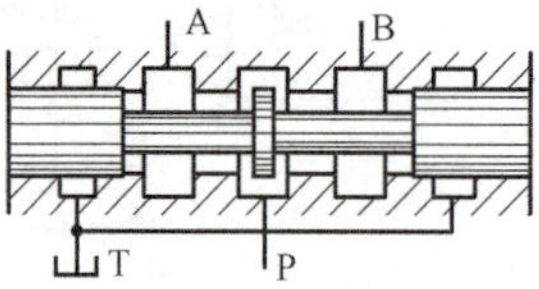	 A B / P T	P 口与 A、B 口连通,单杆缸可实现差动连接,双杆缸处于浮动状态,回油口 T 封闭
K	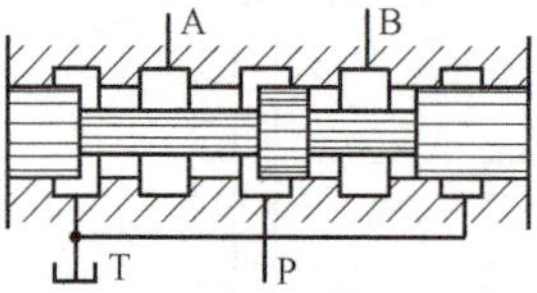	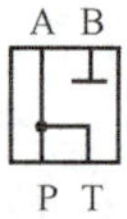 A B / P T	P、A、T 口连通,液压泵卸荷,液压缸 B 口封闭
M	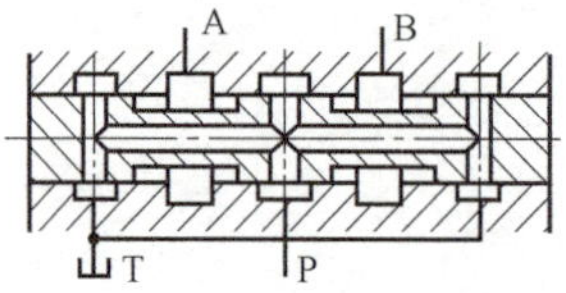	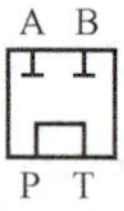 A B / P T	P 口与 T 口连通,A 口和 B 口封闭,液压泵卸荷,执行元件(液压缸)锁紧

3)液动换向阀。液动换向阀利用控制油液改变阀芯的位置而实现换向。如图 3-27 所示,阀芯的移动由阀芯两端控制油液的压力差来实现,当控制油口 K_1 接通液压油、K_2 接回油箱时,阀芯右移,使油口 P 与 A 相通,B 与 T 相通。反之,当 K_2 通入液压油、K_1 回油

时，阀芯左移，使油口 P 与 B 相通，A 与 T 相通。液动换向阀结构简单，动作可靠，换向平稳，由于液压驱动力大，故可用于流量大、压力高的液压系统中。

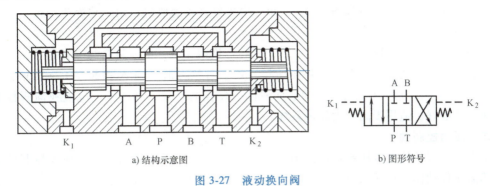

a) 结构示意图　　　　　　　　　　　b) 图形符号

图 3-27　液动换向阀

4) 电液换向阀。电液换向阀是由大流量、带阻尼器的液动换向阀和小流量的电磁换向阀组合而成。如图 3-28 所示，电磁换向阀为先导阀，用来控制油液的方向，使液动阀换向；

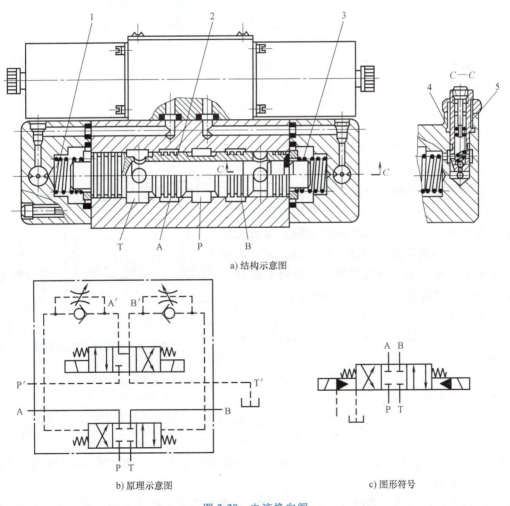

a) 结构示意图

b) 原理示意图　　　　　　　　　　　c) 图形符号

图 3-28　电液换向阀

1、3—弹簧　2—阀芯　4—单向节流阀　5—螺母

液动换向阀为主阀，用来控制执行元件的运动方向。所以，电液换向阀可用较小流量的电磁阀来控制较大流量的液动阀。

电液换向阀的油路分析如图 3-28b 所示。电磁铁都不通电时，两阀均处于中位。当左端电磁铁通电时，电磁阀左位工作，控制液压油经 P′→A′→单向阀→主阀阀芯左端，而主阀阀芯右端的油液经节流阀→B′→T′→油箱，主阀切换至左位，主油路 P 与 B 接通、A 与 T 接通。当右端电磁铁通电时，电磁阀和液动阀均处于右位，则 P 与 A 相通，B 与 T 相通。调节两侧的节流阀，可调节主阀阀芯的换向时间，使换向平稳，无冲击。电液换向阀控制方便，换向性能好，适用于高压大流量系统。

二、压力控制阀

压力控制阀是控制液压系统的压力（如溢流阀、顺序阀）或利用压力作为控制信号来控制其他元件动作（减压阀和压力继电器）的阀。它们的共同特点是，利用作用于阀芯上的液压作用力和弹簧力相平衡的原理进行工作。

1. 溢流阀

在液压系统中，溢流阀的用途很广，其主要用途是在溢出多余油液的同时，使系统或回路的压力得到调整并保持基本恒定，从而实现稳压、调压或限压作用，进行安全保护。

（1）溢流阀的工作原理　在定量泵供油系统中，溢流阀溢出多余油液，配合流量控制阀实现对执行元件的速度控制，如图 3-29 所示。压力油进入油口 P 后，经阻尼孔 a 作用在阀芯的下端，形成向上的液压力 pA。阀芯另一端受向下的弹簧力 $F_s = kx_0$ 的作用。当溢流阀进油口处压力较低时，$pA < F_s$，阀芯在调压弹簧作用下处于最下端，溢流阀口关闭，溢流阀对进油口处压力（系统压力）不产生影响；当进油口处压力升高到 $pA > F_s$ 时，阀芯上移，弹簧被进一步压缩 h，液压力推动调压弹簧上移打开溢流阀口，将多余油液溢回油箱。溢流阀进油口处压力（系统压力）因此不再升高，阀芯也相应处于新的平衡位置。当阀芯移动过快而引起振动时，阻尼孔 a 可起消振作用，提高阀的平稳性。

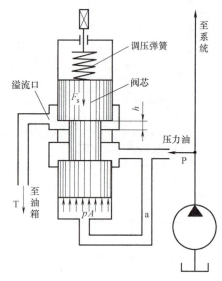

图 3-29　溢流阀的工作原理

当溢流阀稳定工作时，阀芯处于某一平衡位置，忽略阀芯自重、摩擦力和液动力，阀芯的受力平衡方程为

$$pA = F_s = k(x_0 + \Delta x_0) \tag{3-17}$$

整理式（3-17）可得

$$p = \frac{k(x_0 + \Delta x_0)}{A} \tag{3-18}$$

式中，p 为进油口压力；A 为阀芯承压面积；k 为弹簧刚度；x_0 为弹簧预压缩量；Δx_0 为弹簧的附加压缩量。

由式（3-17）可知，当阀口开度 h 不同时，弹簧的附加压缩量不同，溢流压力 p 也会发生变化。但由于溢流阀稳定工作时阀口开度变化很小，因此 Δx_0 相对总压缩量非常小，可以

认为溢流压力 p 将基本保持恒定。由此也可知，调节弹簧的预压缩量 x_0，即可调节系统的压力大小。

（2）溢流阀的结构　溢流阀按其结构原理可分为直动型和先导型两种。

1）直动型溢流阀。图 3-30a 所示为 P 型直动型溢流阀的结构示意图。它是利用作用于阀芯上的弹簧力与液压力互相平衡的原理进行压力控制的。液压油从进油口 P 进入溢流阀，经阀芯上的径向孔和阻尼孔 a 作用在阀芯底部端面上。当向上的液压力超过调压弹簧的弹力时，阀口被打开，多余的油液经回油口 T 溢回油箱。阻尼孔 a 的作用是增加液阻，提高阀芯运动的平稳性。调节手轮改变调压弹簧的预压缩量，即可调节系统的压力。

图 3-30b 所示为 P 型直动型溢流阀的图形符号，其含义为：方框口箭头错开，表示溢流阀在常态时阀口关闭；虚线表示控制压力来自进油口压力；弹簧处没有接油箱标志，表示是内泄漏方式；出口接油箱。

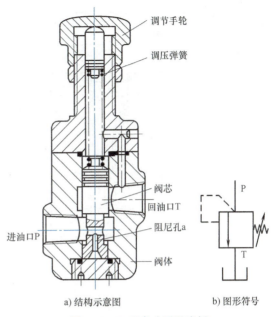

a) 结构示意图　　　b) 图形符号

图 3-30　P 型直动型溢流阀

这种溢流阀因液压油直接作用于阀芯，故称为直动型溢流阀。直动型溢流阀用于较高压力时弹簧较硬，特别是在大流量下，阀口开度 h 的变化较大，对系统压力的影响也较大，因此只适用于低压、小流量场合。

2）先导型溢流阀。图 3-31 所示为 Y 型先导型中低压溢流阀。该阀由先导阀和主阀两部分组成，其中上部分的先导阀用于调节压力（相当于直动型溢流阀），下部分的主阀用于控制溢流阀口的启闭而稳定压力。这种阀的特点是利用主滑阀两端的压力差与弹簧力相平衡的原理进行压力控制。

先导型溢流阀工作时，液压油由进油口 f 进入，经主阀阀芯 5 上的孔 g 到达主阀阀芯下端；同时，另一路经阻尼孔 e→孔 b→孔 a 作用于先导阀锥阀 3 的右端。当系统压力较低时，先导阀锥阀 3 闭合，没有油液流过阻尼孔 e，主阀阀芯两端的压力相等，在平衡弹簧 4 的作用下，阀芯处于最下端位置，溢流口关闭。当系统压力升高到能打开先导阀锥阀 3 时，液压油通过阻尼孔 e 经先导阀锥阀回油箱。孔 e 的阻尼作用使阀芯上端的压力小于下端的压力。当主阀阀芯两端压差产生的力超过平衡弹簧 4 的作用力时，主阀阀芯上移，溢流口打开，进油口 P 与回油口 T 接通，实现溢流。调节调压弹簧 2 的预压缩量，即可调节溢流阀的进口压力。阀体上的远程控制口 K 采用不同的控制方式时，可使先导阀实现不同的功能。

当溢流阀稳定工作时，有

$$pA = p_1 A + F_s$$
$$p = p_1 + \frac{F_s}{A} = p_1 + \frac{k(x_0 + \Delta x)}{A} \tag{3-19}$$

式中，p_1 为主阀阀芯上腔压力。

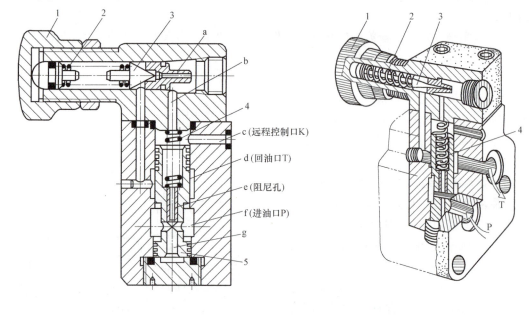

a) 结构示意图　　　　　　　　　　　　　　b) 立体结构图

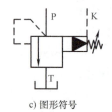

c) 图形符号

图 3-31　Y 型先导型中低压溢流阀

1—调节螺母　2—调压弹簧　3—先导阀锥阀　4—平衡弹簧　5—主阀阀芯

先导式溢流阀

由式（3-18）可以看出，由于有 p_1 的存在，即使进油压力 p 较大，平衡弹簧 4 也可以做得较软，因此当溢流量变化时，附加压缩量 Δx 对压力 p 的影响就更小了。同时，由于先导阀锥阀 3 的锥孔尺寸较小，调压弹簧 2 也不必很硬，故调压较轻便。但是，先导型溢流阀在先导阀和主阀都动作后才起控制压力的作用，反应不如直动型溢流阀快。先导型溢流阀适用于压力较高的场合。

（3）溢流阀的用途

1）调压溢流。在定量泵供油系统中，溢流阀通常与节流阀并联使用，如图 3-32a 中的阀 1。工作时溢流阀口常开，通过溢去多余的流量来配合节流阀的调速，同时保持液压泵的工作压力基本恒定。调节溢流阀可以控制液压系统的工作压力。

2）用作背压阀。如图 3-32a 中的阀 2 所示，将直动型溢流阀串接在系统的回油路中，造成一定的背压（回油阻力），利用背压来提高执行元件的运动平稳性。调节溢流阀的弹簧力可调节背压的大小。

3）安全保护。如图 3-32b 所示，变量泵供油系统可根据液压缸的需要自行调整供油量，因此正常工作时，溢流阀的阀口是关闭的。只有当系统压力超过最大允许值（由溢流阀调

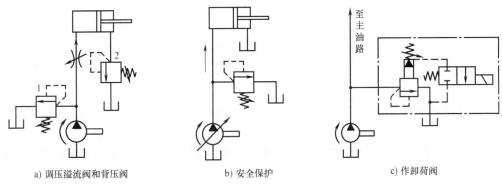

a) 调压溢流阀和背压阀　　b) 安全保护　　c) 作卸荷阀

图 3-32　溢流阀的用途

整，比系统最大工作压力高 10% 左右）时，阀口才打开，将液压油引回油箱，使系统压力不再升高，以防止系统过载，起到安全保护作用，故又称安全阀。

4）用作卸荷阀。在定量泵供油系统中使用，与二位二通电磁换向阀组合，起溢流调压和卸荷的作用，如图 3-32c 所示。当电磁铁通电时，先导型溢流阀弹簧腔（控制腔）中的油液经远程控制至主油路口 K 和电磁换向阀被引回油箱，主阀阀芯上端压力近似降为零，导致主阀阀芯上移，溢流口大开，液压泵输出的液压油经溢流口溢回油箱，主油路卸荷。

实践与思考： 若先导型溢流阀阀座上的进油小孔堵塞了，会出现什么故障？

2. 顺序阀

顺序阀是指以油路中的压力变化为控制信号，自动接通或切断某一油路，以控制执行元件动作先后顺序的压力阀。顺序阀按结构不同分为直动型和先导型两种，其中直动型用于低压系统，先导型用于中高压系统。当顺序阀利用外部油液的压力进行控制时，称为液控顺序阀。

（1）直动型顺序阀　图 3-33a 所示为一种直动型顺序阀，其结构与 P 型溢流阀类似，所

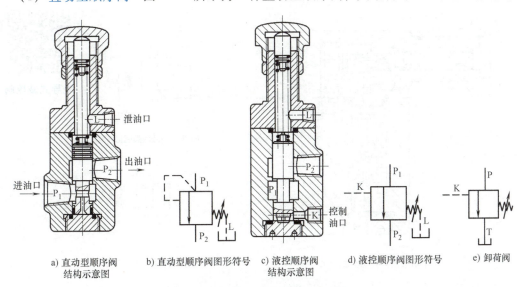

a) 直动型顺序阀　　b) 直动型顺序阀图形符号　c) 液控顺序阀　　d) 液控顺序阀图形符号　e) 卸荷阀
结构示意图　　　　　　　　　　　　　　　　结构示意图

图 3-33　直动型顺序阀

不同的是，溢流阀出口接油箱，而顺序阀出口接下一执行元件；也正是因为顺序阀进、出油口都通液压油，所以顺序阀的泄油口单独接回油箱。另外，顺序阀的工作状态和安全阀相似，当进油压力较低时，阀口关闭；当进油压力达到顺序阀调定压力时，阀口打开，液压油从顺序阀流过。液压油由 P_1 进入，经阀芯上的径向孔和轴向孔到达阀芯下端，当液压力大于弹簧力时，P_1 与 P_2 接通，使出口 P_2 连接的执行元件动作。

（2）液控顺序阀　比直动型顺序阀多设一个控制油口 K，顺序阀的启闭由 K 口外供的油液压力控制，这时就成了液控顺序阀，如图 3-33c 所示，阀的启闭与其本身进油口 P_1 的压力大小无关。若对液控顺序阀的结构进行调整，让其出油口与油箱连通，则顺序阀就成了卸荷阀，如图 3-33e 所示。

顺序阀的用途很多，如控制执行元件的顺序动作、与单向阀一起用于平衡回路、用作溢流阀等，具体应用详见单元四中的有关内容。

3. 减压阀

减压阀用来获得较低而稳定的油路压力，常用在同一个液压泵同时向几个执行元件供油的场合。减压阀分为直动型和先导型两种，先导型应用得较多。

图 3-34 所示为先导型减压阀。它利用了液流经缝隙产生压降的原理，由先导阀和主阀组成。高压油 p_1 从主阀油口 d 进入，经减压阀口减压后，从出油口引出低压油 p_2。出油口的低压油经小孔 g 通入阀芯底部，并通过阻尼小孔 e 流入阀芯上腔，又经孔 b、孔 a 作用在调压锥阀上。当出口压力 p_2 较低时，调压锥阀关闭，阀芯上下两端压力近乎相等，阀芯在弹簧力作用下位于最下端，减压口 h 全开，减压阀为非工作状态。当 p_2 升高至打开锥阀时，低压油经孔 e→孔 b→孔 a→调压锥阀阀口→泄油口 L 回油箱。阻尼孔 e 的作用是使主阀芯两端产生压力差，当该压力差产生的作用力大于弹簧力时，阀芯上移，减压口 h 关小，液阻增大，出油口压力降低，直至等于先导阀调定的数值为止。出口压力 p_2 因外界干扰而变动时，主阀阀芯能自动调整减压阀口 h 的大小，以保持输出压力 p_2 基本不变。

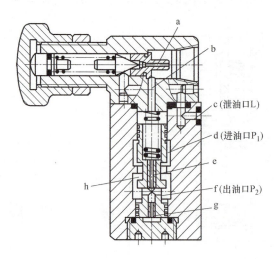

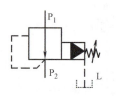

先导式减压阀

b) 先导型减压阀图形符号

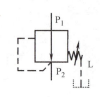

a) 先导型减压阀结构示意图

c) 直动型减压阀图形符号

图 3-34　先导型减压阀

4. 先导型溢流阀、先导型减压阀与直动型顺序阀的区别

先导型溢流阀、先导型减压阀和直动型顺序阀的工作原理基本相同，都是以液压油的控制压力来使阀口启闭，但也有一定区别，见表3-4。

表 3-4　先导型溢流阀、先导型减压阀与直动型顺序阀的区别

项目	先导型溢流阀	先导型减压阀	直动型顺序阀
作用	控制进口压力	控制出口压力	控制动作顺序
常态阀口	常闭	常开	常闭
工作时阀口	开启	关小	开启
控制力来源	进油腔油液	出油腔油液	进油腔油液
出油口接连	接油箱	接二次压力油路	接其他压力油路
泄油口	溢流口（内泄式）	弹簧腔设专门泄油口接油箱（外泄式）	单独的泄油口接油箱（外泄式）

5. 压力继电器

压力继电器是将液体的压力变化转变为电信号的一种液电转换装置，它能根据油压的变化自动接通或断开有关电路，实现程序控制或起安全保护作用。压力继电器按结构特点可分为柱塞式、弹簧管式、膜片式和波纹管式四种。图 3-35 所示为单触点柱塞式压力继电器。

液压油作用在柱塞 1 的底部，当系统压力达到调压弹簧的调定值时，弹簧被压缩，压下微动开关 4 的触点，发出电信号。当系统压力下降到一定数值时，弹簧复位，电路断开。调节弹簧的压缩量可以控制压力继电器的动作压力。

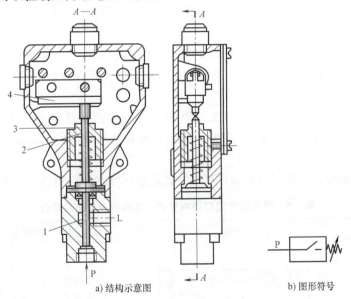

a) 结构示意图　　　　　　b) 图形符号

图 3-35　单触点柱塞式压力继电器

1—柱塞　2—顶杆　3—调节螺钉　4—微动开关

实践与思考：三个外观形状相似的溢流阀、减压阀及顺序阀的铭牌模糊不清，如何在不拆卸的情况下将三者区分开来？

三、流量控制阀

流量控制阀通过改变阀口的大小来调节流量，以控制执行元件的运动速度。常用的流量

控制阀有节流阀和调速阀等。节流阀适用于一般的系统，而调速阀适用于执行元件负载变化大且运动速度要求稳定的系统。

1. 节流阀

（1）节流阀的结构　节流阀是结构最简单的流量阀。图 3-36 所示为 L 型节流阀采用了轴向三角槽式的节流口，液压油从进油口 P_1 经孔 b 和轴向三角槽，再经孔 a 从出油口 P_2 流出，旋转手柄 3 可调节节流口的开口大小。

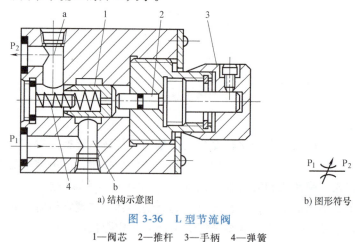

a) 结构示意图　　　　　　　　　　b) 图形符号

图 3-36　L 型节流阀

1—阀芯　2—推杆　3—手柄　4—弹簧

（2）节流口的流量特性　由节流口的流量公式 $q_V = KA\Delta p^m$ 可知，影响节流口流量稳定性的因素有：

1）压差。三种小孔中，薄壁小孔的流量受压差影响最小。

2）温度。薄壁小孔的流量几乎不受温度的影响，其他两种节流口的流量都会随温度的升高而增加。

3）节流口孔口形状。节流口能正常工作的最小稳定流量是衡量节流口性能的重要指标。一般来说，截面水力半径越大，节流口越不易被各种杂质堵塞，越易获得较小的最小稳定流量。

（3）节流口的形式　常用的节流口结构形式、结构特点与应用场合见表 3-5。

表 3-5　常用的节流口结构形式、结构特点与应用场合

结构形式	图示	结构特点与应用场合
针阀式		依靠阀芯的轴向移动，可改变环形节流口的通流面积。结构简单，但易堵塞。但流量受油温变化影响大，一般用于性能要求不高的场合
偏心槽式		阀芯上开有三角形偏心槽，转动阀芯可改变通流面积。结构简单，制造容易；但阀芯受的径向力不平衡，易堵塞，适用于压力不高、流量大等场合

（续）

结构形式	图示	结构特点与应用场合
轴向三角槽式		阀芯上开有两个轴向三角槽，轴向移动阀芯可调节通流面积。结构简单，工艺性好，阀芯所受的径向力平衡，可得到较小的最小稳定流量，不易堵塞，目前应用广泛
周向缝隙式		阀芯圆周方向开有狭缝，液压油从缝隙流入阀芯内孔，旋转阀芯可改变通流面积。近似于薄壁小孔结构，油温对流量影响小，适用于流量较小、对流量稳定性要求较高的场合
轴向缝隙式		在阀芯的衬套上铣有槽，沿轴向开有缝隙，通过改变阀芯的轴向位置来调节节流口大小。结构特点与周向缝隙式相似，适用于性能要求高、低压、小流量的流量控制阀

（4）节流阀的特点与应用　节流阀结构简单、工艺性好、使用方便，常用在定量泵系统中，与溢流阀一起构成节流调速回路；但负载和温度变化对其流量稳定性均有影响，因此只适用于负载和温度变化不大或对速度稳定性要求不高的场合。

2. 调速阀

调速阀由定差减压阀和节流阀组合而成，节流阀用来调节流量，减压阀则用来补偿负载导致的压差变化对流量的影响，从而使速度稳定。

图 3-37a 所示为调速阀的结构原理图。压力为 p_1 的油液经减压阀阀口 h 后压力降为 p_2，再进入节流阀流出，压力降为 p_3。压力为 p_2 的油液经孔 e 和 f 引入减压阀的 b 腔和 c 腔，压力为 p_3 的油液经孔 g 引入减压阀的 a 腔，则阀芯的受力平衡方程为

$$p_2A_1+p_2A_2=p_3A+F_s$$

$$p_2-p_3=\Delta p=\frac{F_s}{A} \tag{3-20}$$

式中，A、A_1、A_2 分别为 a 腔、b 腔和 c 腔的通流面积，且 $A=A_1+A_2$；F_s 为弹簧力。所以 Δp 为节流阀前后的压力差。由于弹簧力 F_s 近似不变，故节流阀前后的压力差 Δp 也可视为不变。

当负载变化使 p_3 增大时，阀芯在 p_3A 的作用下右移，减压阀口 h 增大，p_2 也相应增大，使 p_2-p_3 保持不变；反之亦然。图 3-38 所示为调速阀的性能曲线，节流阀的流量 q_V 总是随压力差 Δp 的变化而变化，而调速阀在压力差 Δp 大于一定值后，流量 q_V 基本稳定。因此，该调速阀基本上解决了负载变化对流量的影响问题，速度比节流阀更稳定。

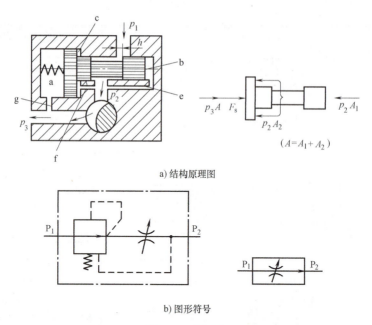

a) 结构原理图

b) 图形符号

图 3-37　调速阀

四、新型液压控制阀

1. 插装式锥阀

插装式锥阀又称二通插装阀，它是一种逻辑阀，是近年来发展起来的一种新型液压元件，其通油量大，响应快，密封性好，集成度高，抗污染能力强，并且能方便地同比例元件、数字元件相结合，特别适用于高压、大流量和较复杂的液压系统，如重型机械、塑料成型机械、压铸机等的液压系统。

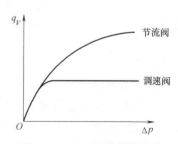

图 3-38　调速阀的性能曲线

（1）插装式锥阀的基本结构和工作原理　图 3-39 所示为插装式锥阀。它由控制盖板和

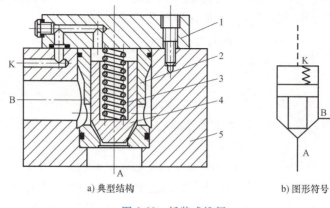

a) 典型结构　　　　　　b) 图形符号

图 3-39　插装式锥阀

1—控制盖板　2—阀套　3—弹簧　4—阀芯　5—阀体

锥阀组件组成。**控制盖板 1 上设置有控制锥阀启闭的通道，相当于先导控制机构。**锥阀组件包括阀套 2、弹簧 3 和阀芯 4 等，起控制主油路通断的作用。阀体 5 内装入若干个不同机能的锥阀组件，可组成所需的液压回路，使元件集成化。

图中 A、B 为主油路，K 为控制油路，其压力和作用面积分别为 p_A、p_B、p_K 和 A_A、A_B、A_K，弹簧力为 F_s。当 $p_K A_K + F_s > p_A A_A + p_B A_B$ 时，锥阀全闭，油路 A、B 被切断；当 $p_K A_K + F_s < p_A A_A + p_B A_B$ 时，锥阀打开，油路 A、B 相通。若 p_A、p_B 不变，则改变 p_K 即可控制油路 A、B 的通断。

（2）几种常见的插装式锥阀

1）插装式方向阀。如图 3-40a 所示，将控制油口 K 与 A 或 B 相连接，可作单向阀用。图 3-40b 所示为作二位二通阀用，用一个二位三通电磁阀做先导元件转换 K 腔通油方式。电磁铁断电时，液流只能从 A 流向 B，不能从 B 流向 A；电磁铁通电时，油口 A、B 互通。

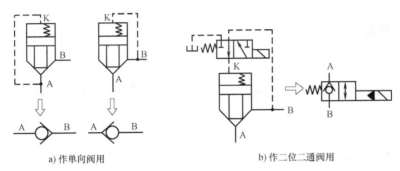

a) 作单向阀用　　　　　　　　　　　b) 作二位二通阀用

图 3-40　插装式方向阀

2）插装式压力阀。对控制腔 K 进行压力控制，插装式锥阀便可构成各种压力控制阀，其结构原理图如图 3-41a 所示。图 3-41b 中的 K 腔接一直动式溢流阀，B 腔通油箱，当 A 腔压力升高到先导阀的调定值时，先导阀打开，由阻尼孔造成的压差使主阀阀芯克服弹簧力而开启，A 腔中的油液经 B 腔溢回油箱，实现溢流稳压；二位二通电磁阀通电后，又可作卸荷阀用。在图 3-41c 中，若 B 腔不通油箱，而通液压油，则可用作顺序阀。

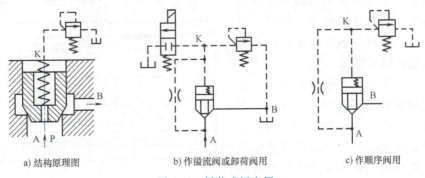

a) 结构原理图　　　　　　b) 作溢流阀或卸荷阀用　　　　　c) 作顺序阀用

图 3-41　插装式压力阀

3）插装式节流阀。在插装式锥阀的控制盖板上增加行程调节螺杆，通过调节阀芯的开启高度，从而改变通流面积，就构成了可调节流阀，如图 3-42 所示。阀芯上开有三角节流槽，当 K 口通入液压油时，节流阀关闭，兼有方向控制阀的作用。

2. 叠加阀

叠加阀是叠加式液压阀的简称，是在板式阀集成化的基础上发展起来的一种新型液压阀，是实现液压系统集成化的一种方式。叠加阀是将方向阀、压力阀、流量阀等阀件安装到集成块上，利用集成块上的孔道实现油路间的连接，或直接将阀做成叠装式的结构。叠加阀是标准化元件，其设计工作量小，结构紧凑，修理与更换方便，但灵活性差，同一回路中的阀一般要求具有同一通径。叠加阀被广泛应用于机床、工程机械等领域。

3. 电液伺服阀

电液伺服阀是伺服液压系统的核心元件，它将电信号传递处理的灵活性和大功率液压控制相结合，把小功

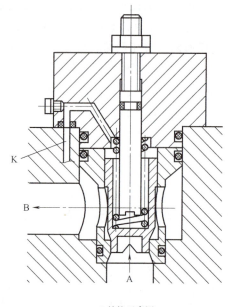
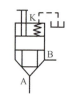

a) 结构示意图　　　b) 图形符号

图 3-42　插装式节流阀

率的电信号输入转换为大功率的液压能输出，实现执行元件的位移、速度、加速度及力的控制。它既是电液转换元件，又是功率放大元件。

如图 3-43 所示，电液伺服阀由电气-机械转换装置、液压控制阀和反馈机构三部分组成。将电液伺服阀、反馈传感器等与液压缸集成，可构成伺服液压缸。电液伺服系统容易实现计算机控制，伺服阀控制精度高，响应速度快，因此，在军事装备、舰船、航空航天等领域得到了广泛应用，如火箭推力向量控制、导弹发射装置等。

4. 电液比例阀

传统控制阀的特点是手动调节和开关式控制，其输出参数在阀处于工作状态时是不可调节的，这样就不能满足自动化连续生产和远程控制的要求。

电液比例控制阀简称电液比例阀，由直流比例电磁铁和液压阀两部分组成。直流比例电磁铁为电气-机械比例转换器，它将电信号按比例地转换为力或位移施加在液压阀上，液压阀则控制系统实现所需的动作。电液比例阀是介于普通液压阀开关式控制和电液伺服控制之间的一种控制方式。

电液比例阀按其控制的参数可分为电

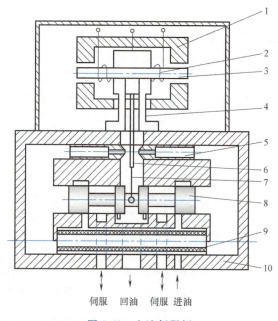

图 3-43　电液伺服阀

1—导磁体　2—线圈　3—衔铁　4—弹簧管　5—喷嘴　6—挡板　7—反馈弹簧杆　8—阀芯　9—过滤器　10—阀体

液比例压力阀、电液比例流量阀、电液比例换向阀和电液比例复合阀等。图 3-44 所示为电液比例溢流阀。当输入电信号时，比例电磁铁产生相应比例的电磁力，通过推杆压缩弹簧作用于锥阀上。当进油口 A 处的压力超过锥阀上的电磁力时，锥阀打开，阀口溢流，从而控制系统中的压力。若输入信号电流按一定程序发生变化，则溢流阀所调节的系统压力也相应发生变化，以实现多级压力控制，代替通常的远程或多级调压，目前在液压机、注塑机、轧板机等系统中被广泛采用。

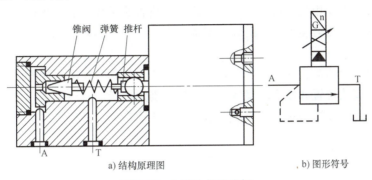

锥阀　弹簧　推杆

a) 结构原理图　　　　　　　　　b) 图形符号

图 3-44　电液比例溢流阀

5. 电液数字阀

随着计算机控制电液系统技术的发展，出现了智能液压元件，如电液数字控制阀、可编程序阀控单元等。电液数字控制阀简称电液数字阀，是用数字信息直接控制的阀。电液数字阀可直接与计算机连接，不需要数/模转换器，可用于由微机实时控制的电液系统中。数字阀结构简单，工艺性好，价格低廉，抗污染能力强，工作稳定可靠，可直接用于液压马达和液压缸的节流调速，还可用于液压泵的变量控制，构成数字变量泵。在计算机控制的电液系统中，电液数字阀已部分取代伺服阀或比例阀，应用前景十分广阔。

图 3-45 所示为增量式数字流量阀。计算机发出信号后，步进电动机 1 主轴转动，通过滚珠丝杠副 2 转化为轴向位移，带动节流阀阀芯 3 移动。步进电动机主轴转动一定的步数，相当于阀芯开启一定的开度。该阀有两个节流口，阀芯移动时，先打开右边的非全周节流口，流量较小；阀芯继续移动，则打开左边的全周节流口，流量较大，最大可达3600L/min。该阀的流量由阀芯 3、阀套 4 及连杆 5 的相对热膨胀获得温度补偿，从而维持流量的恒定。

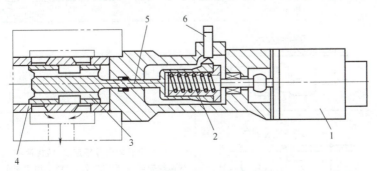

图 3-45　增量式数字流量阀

1—步进电动机　2—滚珠丝杠副　3—阀芯　4—阀套　5—连杆　6—传感器

课题四　液压辅助元件

液压辅助元件包括油管及管接头、过滤器、蓄能器、压力计及压力计开关、油箱等。除油箱通常需要自行设计外，其余均为标准件。液压辅助元件是液压系统中不可缺少的组成部分，这些元件数量大，分布广，对整个液压系统的工作性能有着重要的影响。

一、油管及管接头

油管及管接头的作用是把液压元件连接起来构成管路系统。油管及管接头应满足强度足够大、密封性良好、压力损失小、拆装方便等要求。

1. 油管

液压传动中常用的油管有钢管、铜管、橡胶软管、尼龙管和塑料管等。油管应根据其内径、壁厚尺寸、安装位置和使用环境等进行选择。确定内径、壁厚尺寸的主要依据是液压系统中的压力和流量。油管内径应与要求的通流能力相适应，计算公式为

$$d = \sqrt{\frac{4q_V}{\pi v}} \tag{3-21}$$

式中，d 为油管内径；q_V 为通过油管的最大流量；v 为油管中的允许流速，对于吸油管，$v \leqslant 0.5 \sim 1.5\text{m/s}$，对于压油管，$v \leqslant 2.5 \sim 5\text{m/s}$，对于回油管，$v \leqslant 1.5 \sim 2.5\text{m/s}$。

油管壁厚应满足工作压力和管材强度的要求，计算公式为

$$\delta = \frac{pd}{2[\sigma]} \tag{3-22}$$

式中，δ 为油管壁厚；p 为油管内的最高压力；d 为油管内径；$[\sigma]$ 为油管材料的许用应力，纯铜管取为 30MPa，钢管取为 60MPa。

计算得到油管内径和壁厚尺寸之后，还应按标准进行圆整，具体选用可参阅有关手册。

2. 管接头

管接头是油管与液压元件、油管与油管之间的可拆卸连接件，其性能好坏将直接影响系统的泄漏情况。表 3-6 列出了常用管接头的类型及特点。

表 3-6　常用管接头的类型及特点

类型	结构图	特　点
扩口式管接头		靠扩口部分的圆锥面实现连接和密封,结构较简单,造价低,适用于中、低压系统的铜管、薄壁钢管、尼龙管和塑料管
焊接式管接头		接管与钢管采用焊接连接,结构简单,制造方便,耐高压和强烈振动,密封性能好,广泛应用于高压系统($p \leqslant 32\text{MPa}$)

（续）

类型	结构图	特　点
卡套式 管接头		利用卡套的变形卡住管子并进行密封,不用密封件,工作可靠,装拆方便,抗振性好,使用压力可达 32MPa;但对管子外径和卡套精度要求高
扣压式 软管接头		由外套和接头芯子组成,安装时软管被挤在外套和接头芯子之间,从而被牢固地连接在一起,此接头具有较好的抗拔脱和密封性能,工作压力在 10MPa 以下,需要使用专用模具扣压设备

二、过滤器

过滤器用来滤除油液中的各种杂质。实践证明,液压系统 80% 左右的故障是由油液污染引起的。因此,保持油液清洁是保证液压系统可靠工作的关键,而对油液进行过滤则是保持其清洁的主要手段。

常用的过滤器按滤芯材料和结构形式不同有网式、线隙式、烧结式、纸质及磁性过滤器等,其结构特点与应用见表 3-7。

表 3-7　常用过滤器的结构特点与应用

类型	滤芯结构与原理	特点与应用
网式过滤器	滤芯由铜网包裹在刚性骨架上制成,其过滤精度取决于铜网层数及网孔大小	结构简单,通油能力强,清洗方便,但过滤精度低,一般作粗滤器用
线隙式过滤器	如图 3-46a 所示,滤芯由特形铜丝或铝丝绕制而成,利用线间的缝隙过滤油液	结构简单,通流能力强,过滤精度高于网式过滤器;但不易清洗,常用于吸油管
烧结式过滤器	如图 3-46b 所示,滤芯用颗粒状锡青铜粉末烧结而成,利用铜颗粒间的微孔过滤杂质	强度好,耐腐蚀,耐高温,过滤精度高;但易堵塞,难清洗,适用于高温高压系统
纸质过滤器	滤芯由微孔过滤纸加骨架制成,利用滤纸的微孔滤去杂质,常将滤纸折叠以增大过滤面积	过滤精度较高,但强度低,易堵塞,且堵塞后无法清洗,一般用于精密过滤
磁性过滤器	滤芯用永久磁铁制成,利用磁化原理吸附混入油液中的铁屑和铸铁粉末等	过滤效果好,通常与其他过滤器合用

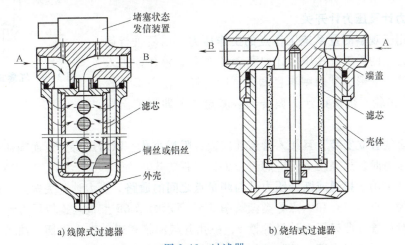

a) 线隙式过滤器　　　　b) 烧结式过滤器

图 3-46　过滤器

过滤器的图形符号如图 3-47 所示。过滤器的类型、型号和规格的选择，主要根据过滤精度、工作压力、压力损失、通油能力及经济性等综合考虑，最后查阅相关手册确定。

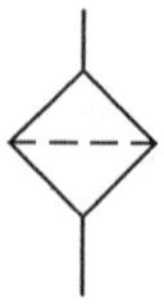

过滤器可以安装在液压泵的吸油管路上、液压泵的压油管路上以及重要元件的前面。通常泵的吸油口安装粗滤器以降低吸油阻力；压油管路与重要元件之前安装精滤器，其安装位置要易于检修，方便清洗和更换。

三、蓄能器

蓄能器用来储存液压油，其主要作用有：用作辅助动力源，在短时间内提供大量液压油，以实现执行机构的快速运动；补漏保压；消除压力脉动；减缓液压冲击等。

常用蓄能器为充气式蓄能器，活塞式和气囊式是其中的两种类型。

图 3-48 所示为活塞式蓄能器。活塞将气体和液压油隔开。工作时，先向上腔充入压缩气体，再向下腔充液，推压活塞以储存能量。这种蓄能器结构简单，工作平稳，寿命长；但受活塞的惯性和摩擦力的影响，反应不够灵敏，缸筒与活塞间的密封较难，容量小，制造费用高，一般用于蓄能或供中高压系统吸收压力脉动。

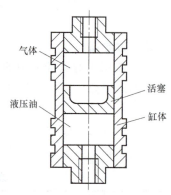

图 3-47 过滤器的图形符号

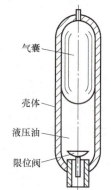

图 3-48 活塞式蓄能器

图 3-49 所示为气囊式蓄能器。壳体上部固定一用耐油橡胶制成的气囊，气囊内充有一定量的气体。工作时液压油进入壳体，压缩气囊以储存能量。油液排空时，限位阀可防止气囊被挤出。这种蓄能器重量轻，惯性小，容易维护，反应灵敏，是目前应用最广泛的蓄能器之一，但气囊和壳体制造困难。

蓄能器应尽可能安装在振动源附近，油口朝下竖直安装，与系统之间设置截止阀供充气或检修时用。由于蓄能器是压力容器，搬运和拆卸时应先排出内部的压缩气体，以保证使用的安全。

气囊

壳体

液压油

限位阀

图 3-49 气囊式蓄能器

四、压力计及压力计开关

压力计用于观察测量系统工作点的工作压力，以便进行调整和控制。常用的弹簧管式压力计如图 3-50 所示，液压油进入后使金属弯管 1 变形，其曲率半径增大，则杠杆 4 使扇形齿轮 5 摆动，经小齿轮 6 带动指针 2 偏转，从度盘 3 上即可读出压力值。

压力计必须直立安装，且接入管道前应通过阻尼小孔，以防压力突变而损坏压力计。用压力计测量压力时，最高压力不应超过压力计量程的 3/4。

压力计开关用于接通或断开压力计与测量点之间的通路。压力计开关按其能测量的压力点数目可分为一点、三点和六点等类型。图 3-51 所示为 K-6B 型板式连接压力计开关。图示位置是非测量位置，此时压力计经油槽 a、小孔 b 与油箱相通。推入手柄，油槽 a 将压力计与测量点接通，同时又将压力计与油箱断开，转动手柄即可测量另一点的压力。压力计的过油通道很小，可防止指针产生剧烈摆动。

在液压系统正常工作后，应切断压力计与系统油路的连接。

五、油箱

油箱的主要作用是储存油液，同时还起着散热、分离油中的空气及沉淀油中的杂质等作用。油箱分开式和闭式两种。闭式油箱与外部大气隔绝，箱内必须通压缩空气。开式油箱又有整体式和分离式之分。整体式油箱利用机床床身兼做油箱，其结构紧凑，但散热不良，维护不便，还会因油温的升高而导致床身的热变形。

图 3-52 所示为分离式油箱的结构简图。

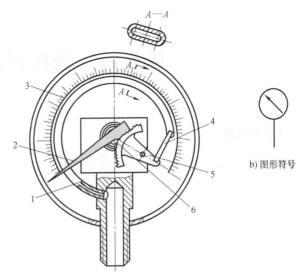

a) 结构原理图

图 3-50　弹簧管式压力计

1—金属弯管　2—指针　3—度盘　4—杠杆
5—扇形齿轮　6—小齿轮

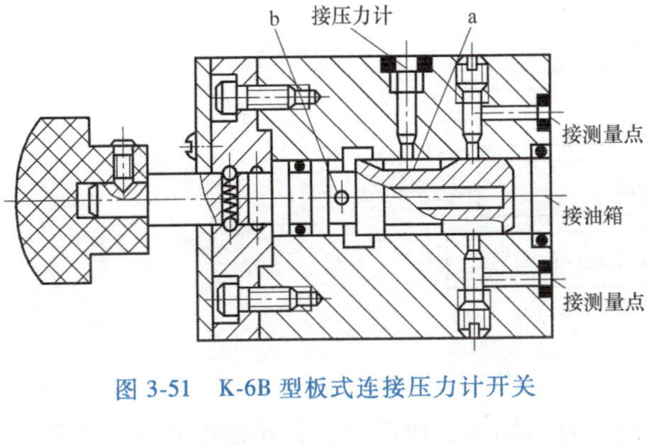

b) 图形符号

图 3-51　K-6B 型板式连接压力计开关

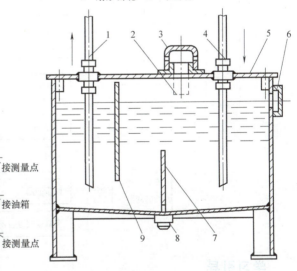

图 3-52　分离式油箱的结构简图

1—吸油管　2—加油过滤器　3—加油口盖　4—回油管
5—上盖　6—油面指示器　7、9—隔板　8—放油阀

实践与思考：在液压与气压传动实训室，观察液压辅助元件，画出相应的结构简图，并说明其工作原理。

单元四　液压回路及系统

内容构架

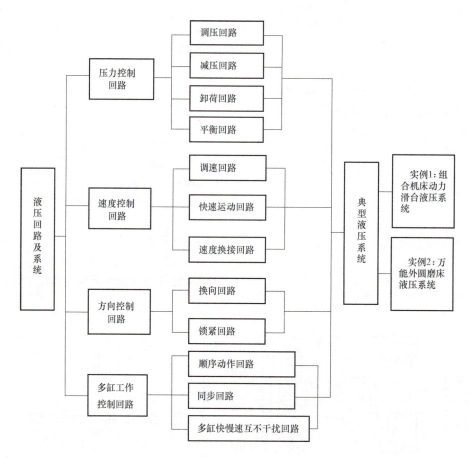

学习引导

液压传动系统为完成各种不同的控制功能，有不同的组成形式，有些现代液压机械的液压传动系统是十分复杂的。但是，无论何种机械设备的液压传动系统，都是由一些液压基本回路组成的。所谓基本回路，就是由有关液压元件组成的用来完成特定功能的典型回路。按其功能不同，基本回路可分为压力控制回路、速度控制回路、方向控制回路和多缸工作控制回路等。这些基本回路凝聚了前人在生产实际中的经验，都能实现某一特定功能。熟悉和掌握这些基本回路的组成、工作原理和性能之后，在实际工作中可以根据液压机械的特点和要求，合理选择基本回路，组成一个完整的液压系统。因此，液压基本回路既是对前面所学的液压元件的综合应用，又是分析、设计、使用和维护液压系统的重要基础。

本单元将在学习液压基本回路的基础上，通过分析两个典型机械设备液压系统，介绍各种液压元件在系统中的作用及基本回路在系统中的综合应用，进而掌握阅读和分析液压系统原理图的步骤与方法，为液压系统的安装、调试、使用和维护打下良好的基础。

【目标与要求】

➤ 1. 能说明常用液压基本回路的类型及主要功能。

➤ 2. 能分析常用液压基本回路的工作原理、工作过程。

➤ 3. 能对常用液压基本回路进行组装和调试。

➤ 4. 能对液压回路的常见故障进行诊断和排除。

➤ 5. 能分析液压系统中各元件的功用、基本回路组成、进油路和回油路。

➤ 6. 能分析组合机床动力滑台液压系统的工作原理及特点。

➤ 7. 能分析万能外圆磨床液压系统的工作原理及特点。

【重点与难点】

重点：

- 1. 液压基本回路图、工作过程及应用。
- 2. 组合机床动力滑台、万能外圆磨床液压系统的工作原理。

难点：

- 液压与气压传动系统的基本工作原理及图形符号。

课题一 压力控制回路

压力控制回路是控制液压系统或系统中某一部分的压力，达到保压、卸荷、减压、增压、平衡等目的，以满足执行元件对力或转矩要求的回路。

压力控制回路包括调压回路、减压回路、卸荷回路和平衡回路等。

一、调压回路

调压回路的功用是使液压系统或系统中某一部分的压力保持恒定或不超过某一数值。在定量泵供油系统中，液压泵的供油压力可以通过溢流阀来调节；在变量泵供油系统中，用安全阀来限定系统的最高压力，防止系统过载。当系统中需要两种以上的不同压力时，则可采用多级调压回路。此外，还可以使用电液比例溢流阀来实现无级调压。

1. 单级调压回路

图 4-1a 所示为单级调压回路，在液压泵 1 出口处设置并联的溢流阀 2，即可组成单级调压回路，从而达到控制液压系统最高压力值的目的。

2. 二级调压回路

图 4-1b 所示为二级调压回路。由先导型溢流阀 2 和直动型溢流阀 4 各调一级，在图示位置，电磁阀 3 断电，系统压力由溢流阀 2 调定；当电磁阀 3 通电时，系统压力由溢流阀 4 调定，即实现两种不同的系统压力。但溢流阀 4 的调定压力一定要小于溢流阀 2 的调定压力，否则将不能实现两种不同系统压力的调定。

如果在先导型溢流阀 2 的远程控制口处并联几个远程调压阀，各远程调压阀的出油口分别由二位二通换向阀控制，则能实现多级调压。

3. 无级调压回路

将图 4-1a 中的先导型溢流阀 2 改为电液比例溢流阀，则可通过改变电液比例溢流阀的输入电流来实现无级调压，如图 4-1c 所示。采用电液比例溢流阀，不但简化了多级调压回

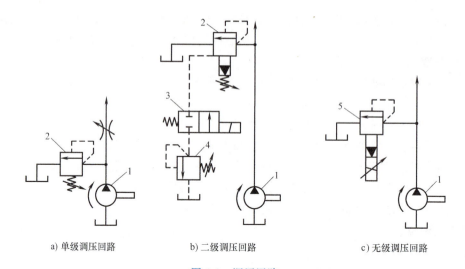

a) 单级调压回路　　　　　b)二级调压回路　　　　　　c) 无级调压回路

图 4-1　调压回路

1—液压泵　2、4—溢流阀　3—电磁阀　5—电液比例溢流阀

路，使压力切换平稳，而且更容易使系统实现远距离控制或程序控制。

二、减压回路

减压回路的功用是使液压系统中的某一支路具有较主油路低的稳定压力。最常见的减压回路是通过定值减压阀与主油路相连，如图 4-2a 所示，回路中的单向阀能防止油液倒流，起短时保压作用。当液压系统中某一支路的不同工作阶段需要两种或两种以上工作压力时，可采用多级减压回路。图 4-2b 所示为利用先导型减压阀 1 的远程控制口接一远程调压阀 2，则可由阀 1、阀 2 各调得一种低压。但阀 2 的调定压力值一定要低于阀 1 的调定减压值。

为了使减压回路工作可靠，减压阀的最低调定压力不应低于 0.5MPa，最高调定压力至少应比系统压力低 0.5MPa。当减压回路中的执行元件需要调速时，流量控制阀应串接在减压阀之后，以避免减压阀泄漏（指由减压阀泄油口流回油箱的油液）对执行元件的速度产生影响。

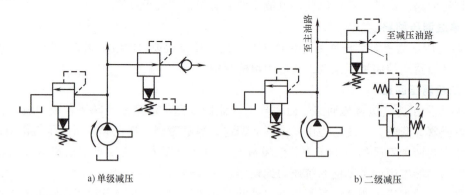

a) 单级减压　　　　　　　　　　　　　　　b) 二级减压

图 4-2　减压回路

1—先导型减压阀　2—远程调压阀

三、卸荷回路

卸荷回路的功用是在液压泵驱动电动机不频繁起停的情况下，使液压泵在很低的压力下

运转，以减少功率损耗，降低系统发热，延长液压泵和电动机的使用寿命。

1. 用三位换向阀中位机能的卸荷回路

当 M 型或 H 型中位机能的三位换向阀处于中位时，液压泵输出的油液经换向阀的油口直接回油箱，泵即实现卸荷。这是工程机械中最常用的卸荷方式，此方法较简单。

2. 用先导型溢流阀的卸荷回路

图 4-3 所示为采用二位二通电磁阀控制先导型溢流阀的卸荷回路。当电磁阀通电时，先导型溢流阀的远程控制口和油箱相通，溢流阀主阀阀芯的阀口全开，泵输出的油液经溢流阀流回油箱，使泵卸荷。该回路卸荷压力小，切换时冲击较小。

在双泵供油回路中，利用液控顺序阀做卸荷阀的卸荷方式如图 4-11 所示。

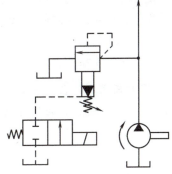

图 4-3　卸荷回路

四、平衡回路

为了防止立式液压缸及工作部件因自重而自行下滑，或在下行运动时由于自重而造成超速运动，导致运动不平稳，可以采用平衡回路，即在液压缸下行的回油路上设置一顺序阀，使其产生适当的阻力，以平衡自重。

1. 采用单向顺序阀的平衡回路

图 4-4 所示为采用单向顺序阀的平衡回路。单向顺序阀的调定压力应稍大于由工作部件自重在液压缸下腔形成的压力。换向阀处于中位时，活塞停止运动。换向阀左位接入系统后，液压缸上腔通液压油，当下腔的背压大于顺序阀的调定压力时，顺序阀开启，活塞与工作部件下行。负载由于自重而得到平衡，故不会产生超速现象。但下行时回油腔背压大，必须提高进油腔的工作压力，功率损失较大。同时，锁住时由于单向顺序阀的泄漏会使活塞和运动部件缓慢下降，因此它只适用于工作部件重量不大、活塞锁紧时对定位要求不高的场合。

2. 采用液控顺序阀的平衡回路

图 4-5 所示为采用液控顺序阀的平衡回路。当换向阀右位接入回路时，液压油进入液压缸下腔，液压缸上腔回油，活塞上升吊起重物。当换向阀处于中位时，液压缸上腔卸压，液

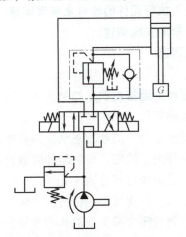

图 4-4　采用单向顺序阀的平衡回路

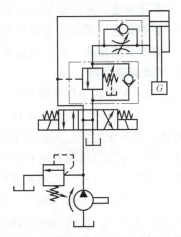

图 4-5　采用液控顺序阀的平衡回路

控顺序阀关闭，液压缸下腔油液被封闭，活塞及工作部件停止运动并被锁住。当换向阀左位接入回路时，液压油进入液压缸上腔，并进入液控顺序阀的控制口，打开顺序阀，使液压缸下腔回油，于是活塞下行，放下重物。下行时，若速度过快，必然使液压缸上腔油压降低，于是液控顺序阀在弹簧力作用下关小阀口，使液压缸背压增加，阻止活塞迅速下降。

这种回路适用于负载重量经常变化的场合，工作安全可靠。但活塞下行时，由于重力作用会使液控顺序阀的开口量处于不稳定状态，运动平稳性差。因此，为了提高工作部件运动的平稳性，应在液压缸的下腔与液控顺序阀之间的油路上串入单向节流阀（或单向调速阀），以控制活塞的下行速度。同时，该回路在停止运动时也会因泄漏而使重物缓慢下降，为了防止这种现象的发生，可将液控顺序阀换成液控单向阀。

> **实践与思考：** 在液压实训室装接四种基本压力控制回路，在调压和减压回路的各种测试环境下，系统输出的压力值是多少？各种不同卸荷回路在工作中存在哪些利弊？

课题二　速度控制回路

速度控制回路是控制液压系统中执行元件的运动速度和实现速度切换的回路，它包括调速回路、快速运动回路和速度换接回路。

一、调速回路

调速回路是用来调节执行元件工作速度的回路。在不考虑液压油的压缩性和泄漏的情况下，液压缸的运动速度为

$$v = q_V / A$$

液压马达的转速为

$$n = q_V / V_M$$

式中，q_V 为输入液压执行元件的流量；A 为液压缸的有效面积；V_M 为液压马达的排量。

由上述两式可知，改变输入液压执行元件的流量 q_V 或调节液压马达的排量 V_M 均可以达到调速的目的。目前，液压系统的调速方式有以下三种：

1）节流调速。采用定量泵供油，通过流量阀改变进入执行元件的流量来实现调速。

2）容积调速。通过改变变量泵或变量液压马达的排量来实现调速。

3）容积节流调速。采用变量泵与流量阀相配合实现调速。

1. 节流调速回路

节流调速回路的工作原理是通过改变回路中流量控制阀的通流面积来控制流入或流出执行元件的流量，以调节其运动速度。这种回路的优点是结构简单，工作可靠，成本低，使用维护方便。但其能量损失大，效率低，发热多，故一般用于小功率的液压系统，如机床的进给系统。按流量控制阀在液压系统中的安装位置不同，可分为进油路、回油路和旁油路三种节流调速回路。这三种节流调速回路的工作原理、特点和适用场合等见表 4-1。

在上述三种节流调速回路中，若采用调速阀代替节流阀，其速度稳定性将明显优于相应的节流阀调速回路。但由于调速阀中包含了减压阀和节流阀的压力损失，故其功率损失比节流阀调速回路更大，只适用于对速度稳定性要求高或负载变化较大的小功率场合。

表 4-1　节流调速回路

调速回路	进油路节流调速回路	回油路节流调速回路	旁油路节流调速回路
回路简图			
工作原理	定量泵的供油压力由溢流阀调定,执行元件的速度通过调节节流阀开口的大小来控制,泵多余的流量由溢流阀溢回油箱		利用节流阀调节液压泵溢回油箱的流量来控制执行元件的运动速度,此时,溢流阀用作安全阀
特点及比较	1)当节流阀开口一定时,运动速度随负载增大而降低,负载越大,速度稳定性越差 2)当负载一定时,节流阀开口越大,速度稳定性越差 3)执行元件速度不同时,其最大承载能力相同	回油路节流调速回路的特点与进油路节流调速回路基本相同,所不同的是 1)由于回油路上有节流阀而使回油腔形成背压,因此执行元件运动平稳且能承受负值负载 2)停车后起动冲击大 3)不易实现压力控制	1)当节流阀开口一定时,运动速度随负载增大而降低,但负载越大,速度稳定性越好 2)当负载一定时,节流阀开口越小,速度越快,且速度稳定性越好 3)节流阀开口越小,承载能力越大 4)无溢流损失,效率较高
适用场合	适用于低速、轻载、负载变化不大和对速度稳定性要求不高的场合	适用于低速、轻载且负载变化大,有负值负载或有速度平稳性要求的场合	适用于负载变化不大和对速度平稳性要求不高的高速大功率场合

2. 容积调速回路

节流调速回路的主要缺点是效率低,发热多,故只适用于对发热量限制不大的小功率系统。而采用变量泵或变量马达来调速的容积调速回路,因为液压泵输出的油液都直接进入执行元件,无溢流损失和节流损失,故效率高、发热少,适用于大功率液压系统,如大型机床、矿山机械、工程机械等的液压系统。但这种回路需要采用结构复杂的变量泵或变量马达,故造价高,维修较困难。根据油液循环方式不同,容积调速回路有开式和闭式两种。

1)开式回路。如图 4-6a 所示,泵从油箱吸油,执行元件的回油仍返回油口直接与泵的吸油口相连,油液在封闭的系统内循环,结构紧凑,空气和脏物不易进入回路。

2)闭式回路。如图 4-6b 所示,执行元件的回油口直接与泵的吸油口相连,油液在封闭的系统内循环,结构紧凑,空气和脏物不易进入回路。但油液的冷却条件差,且需要设置补油装置。

根据液压泵和液压马达(或液压缸)组合方式的不同,容积调速回路有以下三种形式:

(1)变量泵 定量液压马达(或液压缸)容积调速回路　图 4-6a 所示为由变量泵和液压缸组成的开式容积调速回路,图 4-6b 所示为由变量泵和定量液压马达组成的闭式容积调速回路。这两种回路都是通过改变变量泵的输出流量来调速的。工作时,溢流阀 3(图 4-6a)、4(图 4-6b)关闭,起安全阀的作用,用来限定液压泵的最高工作压力。这种回路的调速范围较大、效率高,适用于推土机、拉床等的大功率液压系统。

(2)定量泵 变量液压马达容积调速回路　如图 4-7 所示,定量泵 1 输出的流量不变,

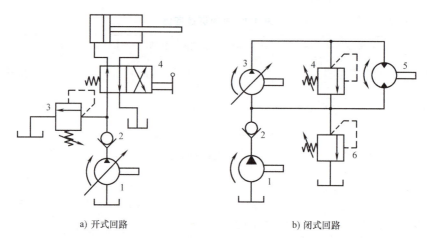

a) 开式回路　　　　　　　　　　　　b) 闭式回路

图 4-6　变量泵 定量液压马达（或液压缸）容积调速回路

a）1—变量泵　2—单向阀　3—溢流阀　4—二位四通手动换向阀

b）1—定量泵　2—单向阀　3—变量泵　4、6—溢流阀　5—定量液压马达

改变变量液压马达 3 的排量，即可调节变量液压马达的转速。回路中的溢流阀 2 为安全阀，补油液压泵 5 是用来向系统补油的辅助泵，溢流阀 4 用于调节补油压力。这种回路因变量液压马达的排量不能调得过小（此时输出转矩很小，甚至不能带动负载），其调速范围小，因此很少单独使用。

（3）变量泵 变量液压马达容积调速回路　如图 4-8 所示，它是上述两种回路的组合，回路中变量泵 1 和变量液压马达 2 都可正、反向旋转。单向阀 7 和 9 使溢流阀 3 在两个方向都能起过载保护作用，而单向阀 6 和 8 用于使补油液压泵 4 能双向补油。调速时，对液压泵和液压马达的排量进行分阶段调节，即在低速阶段由变量泵排量 V_p 调节（此时变量液压马达排量 V_m 保持在最大），在高速阶段由 V_m 调节（此时 V_p 保持在最大），故调速范围广且调速效率高，多用于行走机械、矿山机械等调速范围较大的大功率场合。

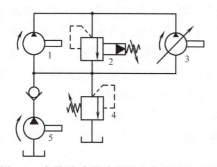

图 4-7　定量泵 变量液压马达容积调速回路

1—定量泵　2、4—溢流阀　3—变量
液压马达　5—补油液压泵

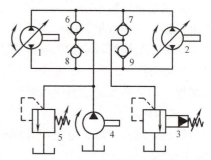

图 4-8　变量泵 变量液压马达容积调速回路

1—变量泵　2—变量液压马达　3、5—溢流阀
4—补油液压泵　6、7、8、9—单向阀

3. 容积节流调速回路

容积调速回路虽然具有效率高、发热少的优点，但执行元件的速度却因泄漏的影响随负载的变化而变化，尤其是在低速时速度平稳性更差。因此，有些机床的进给系统为了减少发热，并满足速度稳定性的要求，常采用容积节流调速回路。

图 4-9 所示为由限压式变量泵和调速阀组成的容积节流调速回路。调速阀装在进油路上（也可装在回油路上），调节调速阀便可改变进入液压缸的流量，而限压式变量泵的输出流量 q_{V_p} 和液压缸所需流量 q_V 相适应。若 $q_{V_p} > q_V$，泵的供油压力将升高，由限压式变量泵的工作原理可知，压力升高时，泵的输出流量 q_{V_p} 将自动减小；若 $q_{V_p} < q_V$，则泵出口压力降低，泵的输出流量 q_{V_p} 将自动增加，直至 $q_{V_p} = q_V$。这种调速回路的特点是速度稳定性好，且泵的供油量能自动与调速阀调节的流量相适应，没有溢流损失，只有节流损失，故系统效率高，发热少。在使用过程中，通常使调速阀保持最小稳定压差值 $\Delta p_{min} = 0.5\mathrm{MPa}$。

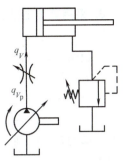

图 4-9 由限压式变量泵和调速阀组成的容积节流调速回路

实践与思考：拆卸与安装三种节流调速回路，学会其连接方法，领会其组成原理；同时对三种节流调速回路的特性进行测试，分析工作速度与外负载的关系。

二、快速运动回路

快速运动回路又称增速回路，其功用是使执行元件在空行程时获得所需的高速运动，以提高系统的工作效率或充分利用功率。由 $v = q_V/A$ 可知，增加进入液压缸的流量或（和）缩小液压缸的有效工作面积都能提高液压缸的运动速度。常用的快速运动回路有以下几种。

1. 差动连接的快速运动回路

图 4-10 所示为差动连接的快速运动回路。当只有电磁铁 1YA 通电时，换向阀 4 连通液压缸的左右腔而形成差动连接，从而获得快速运动；这时如果电磁铁 3YA 也通电，则换向阀 4 右位接入系统，差动连接被切断，液压缸右腔的回油经换向阀 4、调速阀 5、换向阀 3 流回油箱，实现慢速运动；当电磁铁 1YA 断电，2YA、3YA 通电时，液压油经换向阀 3、单向阀 6、换向阀 4 进入液压缸右腔，左腔油液经换向阀 3 回油箱，实现快速退回。这种快速回路简单经济，但快、慢速换接不够平稳。

2. 双泵供油的快速运动回路

图 4-11 所示为双泵供油的快速运动回路。高压小流量泵 1 的流量应略大于最大工进速度所需要的流量，工作压力由溢流阀 5 调定。低压大流量双联泵 2 与双联泵 1 的流量之和应等于液压系统快速运动所需要的流量，其工作压力应低于液控顺序阀的调定压力。液控顺序阀 3 的调定压力应比快速运动时的最高工作压力高 $0.5 \sim 0.8\mathrm{MPa}$。快速运动时，由于负载小，系统压力较低，液控顺序阀 3 关闭，双联泵 2 输出的油液经单向阀 4 与双联泵 1 输出的油液汇集在一起进入液压缸，从而实现快速运动；工作进给时，负载较大，系统压力升高至大于液控顺序阀 3 的调定压力，液控顺序阀 3 打开，单向阀 4 关闭，双联泵 2 卸荷，此时系统仅由双联泵 1 供油，实现慢速工作进给。这种回路功率利用合理，效率高；但回路较复杂，成本较高，适用于快、慢速差值较大的液压系统。

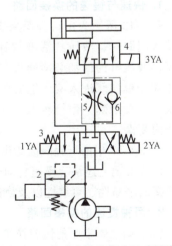

图 4-10 差动连接的快速运动回路
1—液压泵 2—溢流阀 3、4—换向阀
5—调速阀 6—单向阀

3. 采用蓄能器的快速运动回路

图 4-12 所示为采用蓄能器的快速运动回路。采用蓄能器能使系统以较小流量的液压泵实现快速运动。当液压缸停止工作时，换向阀 5 处于中位，液压泵 1 向蓄能器 4 充油。当蓄能器内的油液压力达到液控顺序阀 3 的调定压力时，液控顺序阀 3 打开，使液压泵 1 卸荷。当换向阀处于左位或右位时，液压泵 1 和蓄能器 4 同时向液压缸供油，实现快速运动。这种回路适用于短时间内需要大流量的液压系统，功率利用较合理。但系统在一个工作循环内必须有足够的停歇时间，以使液压泵能完成对蓄能器的充油工作。

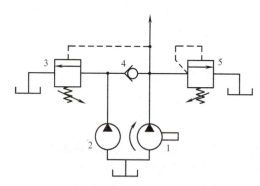

图 4-11　双泵供油的快速运动回路

1、2—双联泵　3—液控顺序阀
4—单向阀　5—溢流阀

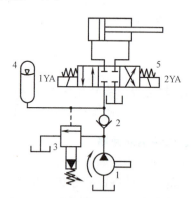

图 4-12　采用蓄能器的快速运动回路

1—液压泵　2—单向阀　3—液控顺序阀
4—蓄能器　5—换向阀

三、速度换接回路

在机床自动循环工作过程中，往往需要有不同的运动速度，因此，经常要在不同的运动速度之间进行变换。速度换接回路的功用是使执行元件在一个工作循环中从一种运动速度变换到另一种运动速度，不仅包括执行元件从快速到慢速的换接，也包括两种慢速之间的换接。速度换接回路应尽可能保证速度换接平稳，不出现前冲现象。

1. 快速与慢速的换接回路

图 4-13 所示为用行程阀来实现快速与慢速换接的回路。电磁换向阀左位和行程阀下位接入回路时，液压缸活塞快速向右运动，当活塞移动至使挡块压下行程阀时，行程阀关闭，液压缸的回油必须通过节流阀，活塞转换成慢速运动。当换向阀右位接入回路时，液压油经单向阀进入液压缸右腔，活塞快速向左运动。这种回路快、慢速转换比较平稳，转换点位置准确。但行程阀必须安装在执行元件附近，且不能任意改变其位置，管道连接较为复杂。

将图 4-13 中的行程阀改为电磁换向阀，并通过挡块压下电气行程开关来控制电磁换向阀，也可实现上述快、慢速自动转换。这种换接回路安装连接较方便，并且换接迅速；但速度换接的平稳性、可靠性以及换向精度都较差。

2. 两种慢速的换接回路

（1）调速阀串联的慢速换接回路　图 4-14 所示为由两个调速阀 3 和 4 串联组成的慢速换接回路。当电磁铁 1YA 通电时，液压泵输出的液压油经调速阀 3 和电磁阀 5 左位进入液压缸左腔，液压缸右腔回油，工作部件获得由阀 3 控制的第一种慢速运动。当电磁铁 1YA 和 3YA 同时通电时，液压油经阀 3 和阀 4 进入液压缸左腔，由于阀 4 比阀 3 的开口小，因而工作部件将获得由阀 4 控制的第二种更慢的运动速度。

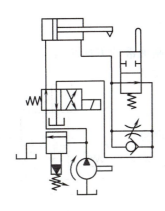

图 4-13　用行程阀的快速与慢速换接回路

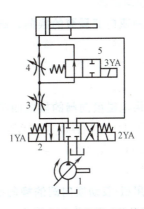

图 4-14　调速阀串联的慢速换接回路
1—液压泵　2—换向阀　3、4—调速阀　5—电磁阀

（2）调速阀并联的慢速换接回路　图 4-15a 所示为由两个调速阀 4 和 5 并联组成的慢速换接回路。当电磁铁 1YA 通电时，液压泵输出的液压油经阀 4 进入液压缸左腔，液压缸右腔回油，工作部件获得由阀 4 控制的第一种慢速运动。当 1YA 和 3YA 同时通电时，液压油经阀 5 进入液压缸左腔，液压缸右腔回油，工作部件获得由阀 5 控制的第二种慢速运动。在这种回路中，两调速阀可单独调节，速度互无影响。但当一个调速阀工作时，另一个调速阀的出油口被切断，其减压阀口全开，在电磁换向阀换位使其出油口与油路接通的瞬时，压力突然减小，减压阀口来不及关小，瞬时流量增加，会使工作部件出现前冲现象。若将二位三通换向阀换为二位五通换向阀（图 4-15b），则可以避免前冲现象。

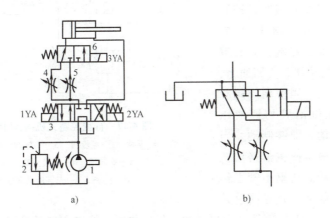

a)　　　　　　　　　　　b)

图 4-15　调速阀并联的慢速换接回路
1—液压泵　2—溢流阀　3、6—换向阀　4、5—调速阀

课题三　方向控制回路

在液压系统中，用以控制执行元件的起动、停止及换向的回路称为方向控制回路。常用

的有换向回路和锁紧回路。

一、换向回路

1. 采用双向变量泵的换向回路

在容积调速的闭式回路中，可以利用双向变量泵控制油液的方向来实现执行元件的换向。如图 4-8 所示，控制双向变量泵的液流方向，即可改变液压马达的旋转方向。

2. 采用电磁换向阀的换向回路

根据换向性能、自动化程度以及适用场合选用各种电磁换向阀，即可方便地组成各种换向回路来控制执行元件的换向，如图 4-16 所示。

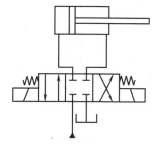

图 4-16　采用电磁换向
阀的换向回路

3. 采用机-液动换向阀的换向回路

对于换向频繁、换向平稳性和换向精度要求较高的设备（如磨床），常选择采用机-液动换向阀的换向回路。图 4-17 所示为行程控制式机-液动换向回路，主要由先导阀（机动阀）3 和主换向阀（液动阀）6 等组成。先导阀 3 不仅控制主换向阀 6 的换向，还直接参与工作台的换向制动过程。在图示位置，当工作台向左移动至行程即将终了时，挡块 D 通过先导阀 3 上的杠杆推动先导阀阀芯右移。这时液压缸左腔的回油通道被先导阀阀芯制动锥 T 逐渐关小，工作台速度减慢，开始预制动。当先导阀阀芯继续右移至制动锥接近封闭液压缸回油通道时，控制油路切换。液压油经先导阀 3、单向阀 5 进入主换向阀 6 的左端，其右端油液经节流阀 9、先导阀 3 流回油箱，换向阀阀芯向右运动。当换向阀阀芯移至中位时，液压缸两腔均通液压油，工作台停止运动，即终制动。当换向阀阀芯继续右移至使主油路切换时，工作台反向起动。这里不管工作台原来的运动速度如何，先导阀总是先移动一定行程，先对工作部件进行预制动，然后再由主换向阀使其换向。所以，称这种回路为行程控制式换向回路。这种换向回路的换向精度高且换向平稳，常用于内、外圆磨床的液压系统中。

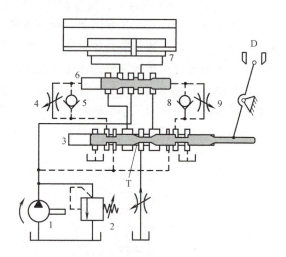

图 4-17　行程控制式机-液动换向回路

1—液压泵　2—溢流阀　3—先导阀　4、9—节流阀
5、8—单向阀　6—主换向阀　7—液压缸
D—挡块　T—先导阀阀芯制动锥

二、锁紧回路

锁紧回路的作用是防止液压缸在停止运动时因外界作用力的影响而发生漂移或窜动。

1. 采用换向阀的锁紧回路

利用三位换向阀的中位机能（O 型或 M 型）封闭液压缸两腔进、出油口，可将活塞锁紧。由于滑阀式换向阀存在泄漏，锁紧效果较差，因此常用于对锁紧精度要求不高、停留时间不长的液压系统中。

2. 采用液控单向阀的锁紧回路

图 4-18 所示为采用液控单向阀的锁紧回路。当换向阀处于中位时，液压缸两腔进、出油口被液控单向阀封闭，活塞可以在行程的任何位置停止锁紧，其锁紧效果只受液压缸泄漏的影响，因此锁紧精度较高。

对于采用液控单向阀的锁紧回路，为了保证中位锁紧可靠，三位换向阀宜采用 H 型或 Y 型机能，以便当换向阀中位接入回路时，液压锁能立即关闭，活塞停止运动并锁紧。这种锁紧回路常用于对锁紧精度要求高，且需长时间锁紧的液压系统，如起重机和矿山机械等的液压系统。

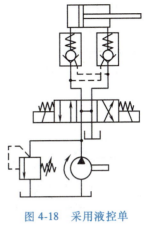

图 4-18 采用液控单向阀的锁紧回路

课题四 多缸工作控制回路

在液压系统中，一个油源往往要驱动多个液压缸或液压马达工作。系统工作时，要求这些执行元件或顺序动作，或同步动作，或防止互相干扰，这就需要有实现这些要求的各种多缸工作控制回路。

一、顺序动作回路

顺序动作回路的功用是使多缸液压系统中的各液压缸按规定的顺序依次动作。按控制方式不同，可分为行程控制和压力控制两大类。

1. 行程控制的顺序动作回路

行程控制的顺序动作回路是在工作部件到达一定位置时，发出信号来控制液压缸的先后动作顺序，可以利用行程开关、行程阀等来实现。

（1）用行程阀控制的顺序动作回路　图 4-19 所示为用行程阀 2 及电磁换向阀 1 控制 A、B 两液压缸实现①、②、③、④工作顺序的回路。在图示状态下，液压缸 A、B 的活塞均处于右端。当电磁换向阀 1 通电时，液压油先进入液压缸 B 的右腔，B 缸左腔回油，其活塞左移实现动作①；当 B 缸工作部件上的挡块压下行程阀 2 后，液压油进入液压缸 A 的右腔，A 缸左腔回油，其活塞左移，实现动作②。当电磁换向阀 1 断电时，液压缸 B 的活塞右移，实现动作③；当液压缸 B 运动部件上的挡块离开行程阀 2 使其恢复下位工作时，液压油经行程阀 2 进入液压缸 A 的左腔，A 缸右腔回油，其活塞右移，实现动作④。这种回路工作可靠、动作灵敏，但调整和改变动作顺序较困难，主要用于专用机械的液压系统。

（2）用行程开关控制的顺序动作回路　图 4-20 所示为用行程开关控制电磁换向阀 1、2 的通断电顺序来实现 A、B 两液压缸按①、②、③、④顺序动作的回路。在图示状态下，电磁换向阀 1、2 断电，两液压缸的活塞均处于右端。当电磁换向阀 1 通电时，阀 1 左位工作，液压油进入 A 缸的右腔，左腔回油，活塞左移，实现动作①；当 A 缸工作部件运动到预定位置时，挡块压下行程开关 1S，1S 发信号使电磁换向阀 2 通电换为左位工作，这时液压油进入液压缸 B 的右腔，左腔回油，活塞左移，实现动作②；当液压缸 B 工作部件上的挡块压下行程开关 2S 时，2S 发信号使电磁换向阀 1 断电换为右位工作，这时液压油进入液压缸 A 左腔，右腔回油，活塞右移，实现动作③；当液压缸 A 工作部件上的挡块压下行程开关

3S 时，3S 发信号使电磁换向阀 2 断电换为右位工作，这时液压油又进入液压缸 B 的左腔，右腔回油，活塞右移，实现动作④。当液压缸 B 工作部件上的挡块压下行程开关 4S 时，4S 又发信号使电磁换向阀 1 通电，开始下一个工作循环。这种回路不仅使用方便，调节行程和动作顺序也方便，易实现自动控制；其缺点是顺序转换时有冲击。

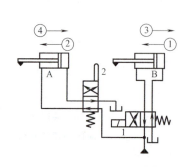

图 4-19　用行程阀控制的顺序动作回路

1—电磁换向阀　2—行程阀

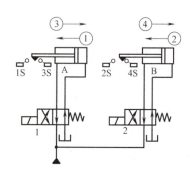

图 4-20　用行程开关控制的顺序动作回路

1、2—电磁换向阀

2. 压力控制的顺序动作回路

压力控制是指利用油路本身的压力变化来控制执行元件的动作顺序。这种回路主要利用压力继电器和顺序阀来控制执行元件的动作顺序。

液压顺序
动作回路

（1）用顺序阀控制的顺序动作回路　图 4-21 所示为用单向顺序阀 2 和 3 与电磁换向阀 1 配合动作，使 A、B 两液压缸实现①、②、③、④顺序动作的回路。在图示位置，电磁铁 1YA、2YA 均断电，电磁换向阀 1 处于中位，A、B 两液压缸的活塞均处于左端位置。当电磁铁 1YA 通电，电磁换向阀 1 左位工作时，液压油先进入液压缸 A 的左腔，其右腔的油液经阀 2 中的单向阀回油，活塞右移，实现动作①；当活塞行至终点停止时，系统压力升高，待压力升高到阀 3 中顺序阀的调定压力时，顺序阀开启，液压油进入液压缸 B 的左腔，右腔回油，活塞右移，实现动作②；当电磁铁 2YA 通电，电磁换向阀 1 右位工作时，液压油先进入液压缸 B 的右腔，其左腔的油液经阀 3 中的单向阀回油，活塞左移，实现动作③；当液压缸 B 的活塞左移至终点停止时，系统压力升高，当压力升高到阀 2 中顺序阀的调定压力时，顺序阀开启，液压油进入液压缸 A 的右腔，左腔回油，活塞左移，实现动作④。当液压缸 A 的活塞左移至终点时，可用行程开关控制电

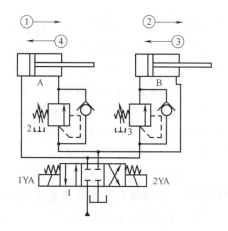

图 4-21　用顺序阀控制的顺序动作回路

1—电磁换向阀　2、3—单向顺序阀

磁换向阀 1 断电换为中位停止，也可再使电磁铁 1YA 通电并开始下一个工作循环。

这种回路的可靠性取决于顺序阀的性能及调定压力值。为了避免由于系统压力波动而造成误动作，一般顺序阀的调定压力应比先动作的液压缸最高工作压力高 0.6~0.8MPa。这种回路适用于负载变化不大、液压缸不多的场合。

（2）用压力继电器控制的顺序动作回路
磁换向阀 1、2 配合动作，使 A、B 两液压
缸实现①、②、③、④顺序动作的回路。
当电磁铁 2YA 通电时，电磁换向阀 1 右位
工作，液压油先进入液压缸 A 的左腔，右
腔回油，其活塞右移，实现动作①；当液
压缸 A 的活塞行至终点停止时，系统压力
升高，待压力升高到使压力继电器 1KP 动
作而发出电信号时，电磁铁 4YA 通电，电
磁换向阀 2 右位工作，液压油进入液压缸
B 的左腔，右腔回油，活塞右移，实现动
作②；当电磁铁 4YA 断电、3YA 通电时，
液压缸 B 的右腔进油，左腔回油，活塞左
移，实现动作③；当 B 缸活塞左移到行程

图 4-22 所示为用压力继电器 1KP、2KP 与电

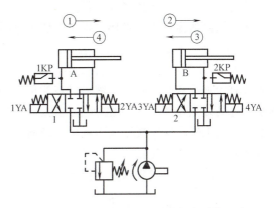

图 4-22　用压力继电器控制的顺序动作回路
1、2—电磁换向阀

终点停止时，系统压力升高，待压力升高而使压力继电器 2KP 发出电信号，使电磁铁 2YA
断电和 1YA 通电时，电磁换向阀 1 左位工作，液压缸 A 的右腔进油，左腔回油，活塞左移，
实现动作④。为了防止压力继电器发生误动作，其动作压力应比先动作的液压缸最高工作压
力高 0.3~0.5MPa，但应比溢流阀的调定压力低 0.3~0.5MPa。

这种回路适用于液压缸数目不多、负载变化不大和对可靠性要求不太高（当运动部件
卡住或压力脉动较大时，误动作不可避免）的场合。

实践与思考： 顺序动作控制回路在实际的生产中应用十分广泛。在液压实训室，根据
不同的顺序动作回路图，安装液压元件，接好油路和电路，观察回路运行情况，分析其动
作原理、过程，再检验所设计的液压回路是否按指定顺序动作。

二、同步回路

同步回路的功用是**使多个液压缸在运动中保持相同的位移或相同的速度**。在多缸液压系
统中，尽管液压缸的有效工作面积和输入流量相同，但由于运动中所受负载不均衡、摩擦阻
力不相等、泄漏量不同以及存在制造误差等原因，会使液压缸不能同步动作。同步回路可克
服这些影响，补偿它们在流量上所造成的变化，使液压缸实现同步动作。

1. 用调速阀控制的同步回路

图 4-23 所示为用两个单向调速阀控制并联液压缸的同步回路。分别调节两个单向调速
阀的开口大小，即可实现两液压缸同步。这种回路可用于两液压缸有效工作面积相等的情
况，也可以用于两液压缸有效工作面积不相等的情况。其结构简单，使用方便，且可以调
速；缺点是受油温变化和调速阀性能差异等影响，不易保证位置同步，同步精度不高。采用
电液比例调速阀或伺服阀，可提高同步精度，位置精度可达 0.5mm，能满足大多数工作部
件的同步精度要求。

2. 带补偿装置的串联液压缸同步回路

图 4-24 所示为带补偿装置的串联液压缸同步回路。图中两液压缸 A、B 串联，B 缸下腔
的有效工作面积等于 A 腔上腔的有效工作面积。若无泄漏，则两缸可同步下行。但因有泄

漏及制造误差，故同步误差较大。采用由液控单向阀3、电磁换向阀2和4组成的补偿装置，可使两缸每一次下行终点的位置同步误差得到补偿。

其补偿原理为：当电磁换向阀1右位工作时，液压油进入B缸的上腔，B缸下腔油液流入A缸的上腔，A缸下腔回油，这时两活塞同步下行。若A缸活塞先到达终点，它将触动行程开关1S使阀4通电换为上位工作。这时液压油经阀4将液控单向阀3打开，同时继续进入B缸上腔，B缸下腔的油液可经液控单向阀3及电磁换向阀2流回油箱，使B缸活塞能继续下行到终点位置。若B缸活塞先到达终点，它将触动行程开关2S，使电磁换向阀2通电换为右位工作。这时液压油可经电磁换向阀2、液控单向阀3继续进入A缸上腔，使A缸活塞继续下行到终点位置。

这种回路适用于对终点位置同步精度要求较高的小功率液压系统。

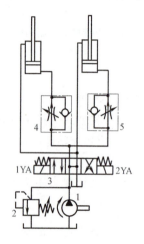
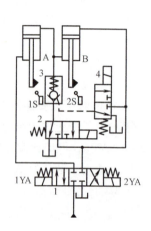

图4-23　用两个单向调速阀控制并联液压缸的同步回路
1—液压泵　2—溢流阀
3—电磁换向阀　4、5—单向调速阀

图4-24　带补偿装置的串联液压缸同步回路
1、2、4—电磁换向阀　3—液控单向阀

此外，还可以采用同步液压缸或同步液压马达组成同步回路。同步液压缸是两个尺寸相同的缸体和两个活塞共用一个活塞杆的液压缸，当活塞向左或向右运动时，能输出或接收相等的油液，在回路中起配流的作用，使两个有效工作面积相等的液压缸实现双向同步运动。这种回路适用于工作行程较长的场合，但成本较高。

三、多缸快慢速互不干扰回路

在一泵多缸工作的液压系统中，往往会由于一个液压缸做快速运动时，大量油液进入液压缸，使整个系统油液压力降低，而影响其他液压缸工作的平稳性。因此，在速度平稳性要求较高的多缸系统中，常采用快慢速互不干扰回路。

图4-25所示为多缸快慢速互不干扰回路。液压缸A、B要分别完成"快进→工进→快退"的自动工作循环，且要求工进速度平稳。回路采用双泵供油，高压小流量泵1提供两缸工进所需液压油，低压大流量泵2为两缸快进或快退时输送低压油，它们分别由溢流阀3和4调定供油压力，从而避免了相互干扰。

在图示位置，换向阀7、8、11、12均不通电，液压缸A、B的活塞均处于左端位置。

当阀 11、阀 12 通电左位工作时，泵 2 供油，液压油经阀 7、阀 11 与 A 缸两腔连通，使 A 缸活塞差动快进；同时泵 2 液压油经阀 8、阀 12 与 B 缸两腔连通，使 B 缸活塞差动快进。当阀 7、阀 8 通电左位工作，阀 11、阀 12 断电换为右位时，液压泵 2 的油路被封闭不能进入液压缸 A、B。泵 1 供油，液压油经调速阀 5、换向阀 7 左位、单向阀 9、换向阀 11 右位进入 A 缸左腔，A 缸右腔经阀 11 右位、阀 7 左位回油，A 缸活塞实现工进，同时泵 1 液压油经调速阀 6、换向阀 8 左位、单向阀 10、换向阀 12 右位进入 B 缸左腔，B 缸右腔经阀 12 右位、阀 8 左位回油，B 缸活塞实现工进。这时若 A 缸工进完毕，使阀 7、阀 11 均通电换为左位，则 A 缸换为泵 2 供油快退。其油路为：泵 2

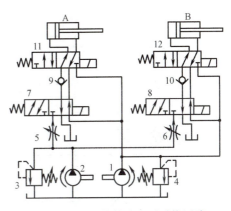

图 4-25　多缸快慢速互不干扰回路
1、2—液压泵　3、4—溢流阀　5、6—调速阀
7、8、11、12—换向阀　9、10—单向阀

液压油经阀 11 左位进入 A 缸右腔，A 缸左腔经阀 11 左位、阀 7 左位回油，这时由于 A 缸不由泵 1 供油，因而不会影响 B 缸工进速度的平稳性；当 B 缸工进结束时，阀 8、阀 12 均通电换为左位，也由泵 2 供油实现快退，由于快退时为空载，对速度平稳性要求不高，故 B 缸转为快退时对 A 缸快退无太大影响，即实现了多缸快慢速运动的互不干扰。

课题五　组合机床动力滑台液压系统

一、概述

组合机床是一种高效率的专用机床，其控制系统大多采用机械、液压或气动、电气相结合的控制方式。液压动力滑台是组合机床用来实现进给运动的一种通用部件，其运动是靠液压缸驱动的，根据加工需要，滑台上可以配置不同用途的主轴头或动力箱和多轴箱，以完成各种加工工序，并可实现多种工作循环。组合机床要求动力滑台空载时速度快、推力小；工进时速度慢，推力大，速度稳定；速度换接平稳；功率利用合理，效率高，发热少。

图 4-26 所示为动力滑台液压系统图。该动力滑台液压系统采用限压式变量叶片泵作为动力元件进行供油，采用单杆活塞式液压缸作为执行元件，用电液换向阀换向，用行程阀实现快慢速度转换，用串联调速阀实现两次工作进给速度的转换。用行程阀和电磁阀控制两种工进速度的换接，用固定挡铁限位来保证进给的位置精度。该液压系统主要采用了下列基本回路：电液换向阀的换向回路、限压式变量泵和调速阀组成的容积节流调速回路、行程阀和电磁阀的速度换接回路、差动连接的快速运动回路和串联调速阀的二次进给回路等。

二、动力滑台液压系统工作原理

该动力滑台能实现多种不同工作循环模式，其典型工作循环为，快进→第一次工作进给（一工进）→第二次工作进给（二工进）→固定挡铁停留→快退→原位停止，如图 4-27 所示。

阅读和分析动力滑台液压系统图时，可参考电磁铁和行程阀动作顺序表，见表 4-2。

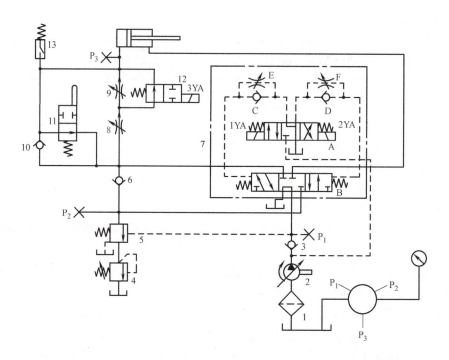

图 4-26　动力滑台液压系统

1—过滤器　2—液压泵　3、6、10—单向阀　4—溢流阀　5—液控顺序阀　7—液动换向阀
8、9—调速阀　11—行程阀　12—电磁换向阀　13—压力继电器

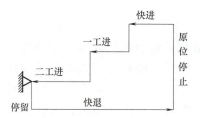

图 4-27　动力滑台工作循环图

表 4-2　电磁铁和行程阀动作顺序表

动作顺序	电磁铁			行程阀 11
	1YA	2YA	3YA	
快进	+	−	−	−
一工进	+	−	−	+
二工进	+	−	+	+
固定挡铁停留	+	−	+	+
快退	−	+	−	+/−
原位停止	−	−	−	−

注："+"表示电磁铁通电或行程阀压下；"−"表示电磁铁断电或行程阀复位。

1. 快进

起动液压泵电动机后，按下起动按钮，电磁铁 1YA 通电，电磁换向阀 A 的左位工作，液动换向阀 B 的左位工作，液压油经行程阀 11 进入液压缸的左腔，由于此时负载较小，液压系统的工作压力较低，所以液控顺序阀 5 关闭，而右腔的油液经阀 B、6、11 又进入液压缸的左腔，形成差动连接；又因液压泵 2 在低压下输出流量为最大，所以动力滑台完成快进。

2. 第一次工作进给

当动力滑台运动到预定位置时，固定挡铁压下行程阀 11，切断了快进油路，换向阀 7（电磁换向阀 A、液动换向阀 B）的工作状态不变，液压油须经调速阀 8 才能进入液压缸的左腔。由于油液流经调速阀而使阀前的压力升高，于是液控顺序阀 5 打开，单向阀 6 关闭，使液压缸右腔的油液经液控顺序阀 5、溢流阀 4 流回油箱，使滑台转换为工作进给运动。主油路如下：

进油路：过滤器 1→液压泵 2→单向阀 3→液动换向阀 7 左位→调速阀 8→电磁换向阀 12 左位→液压缸左腔。

回油路：液压缸右腔→液动换向阀 7 主阀的左位→液控顺序阀 5→溢流阀 4→油箱。

因为工作进给时系统压力升高，所以液压泵 2 的输油量便自动减小，以适应工作进给的需要。其中，进给量大小由调速阀 8 调节。

3. 第二次工作进给

当动力滑台运动到预定位置时，滑台上的挡铁压下行程阀 11 的行程开关。3YA 通电，电磁换向阀 12 换向，切断了油路，液动换向阀 7 的工作状态不变，液压油须经调速阀 8、调速阀 9 才能进入液压缸的左腔。由于油液流经调速阀 8、调速阀 9，而使阀前的压力进一步升高，系统压力升高，所以液压泵 2 的输出流量便自动减小，以适应工作进给的需要，进给速度的大小由调速阀 9 来调节，回油路各元件的工作状态不变，使动力滑台转换为第二次工作进给。

4. 固定挡铁停留

在滑台第二次工作进给完毕后，碰到固定挡铁，停止进给。液压缸左腔的系统压力升高，压力继电器 13 动作。发信号给时间继电器，停留时间由时间继电器设定。这时的油路与第二次工作进给的油路相同，但实际上，系统内油液已停止流动，液压泵的流量已降至很小，仅用于补充泄漏油。设置固定挡铁可以提高动力滑台停留时的位置精度。

5. 快退

动力滑台停留时间结束时，时间继电器发出信号，使电磁铁 1YA、3YA 断电，电磁铁 2YA 通电，电磁换向阀 A 右位工作，使液动换向阀 B 右位工作，液压油直接进入液压缸右腔，主油路换向。由于滑台退回时负载小，系统压力较低，液压泵 2 的流量自动增加到最大，使得滑台快速退回。同时，左腔内的回油经单向阀 10、液动换向阀 B 直接流回油箱。其主油路如下：

进油路：过滤器 1→液压泵 2→单向阀 3→液动换向阀 7 右位→液压缸右腔。

回油路：液压缸左腔→单向阀 10→液动换向阀 7 右位→油箱。

6. 原位停止

当动力滑台退回原位时，行程挡块压下行程开关，使电磁铁 2YA 失电，液动阀回中间位置，切断工作油路，动力滑台停止在原位。液压泵输出的油液经液动换向阀 7 直接回到油箱，液压泵卸荷。

三、动力滑台液压系统的特点

1）系统采用了限压式变量叶片泵和调速阀组成的进油路容积节流调速回路，并在回油路上设置了溢流阀，这种回路能使滑台得到稳定的低速运动和较好的速度-负载特性，改善了滑台的速度平稳性。采用液动换向阀的换向回路换向平稳、无冲击。

2）采用限压式变量泵和液压缸的差动连接回路来实现快速运动，使能量利用合理。动力滑台停止运动时，换向阀使液压泵在低压下卸荷，以减少能量损耗，系统的效率较高。

3）采用行程阀和液控顺序阀，实现快进与工进的速度换接，不仅简化了电路，而且动作可靠、速度切换平稳。

4）在工作进给结束时，采用固定挡铁停留，停留位置精度高。

5）由于采用了调速阀串联的二次进给进油路节流调速方式，可使起动和进给速度转换时的前冲量较小，并有利于利用压力继电器发出信号进行自动控制。

四、动力滑台液压系统的调整

1. 动力滑台运动速度的调整

（1）准备工作

1）根据限压式液压泵 2 的说明书或有关资料，在坐标纸上绘出液压泵 2 的流量-压力特性曲线 ABC，如图 4-28 所示。

2）根据机床的工艺要求，初步确定快进和工进（第一、二次工作进给都可以）时液压泵 2 的压力（$p_快$、$p_工$）及流量（$q_{V快}$、$q_{V工}$）。

3）根据已确定的 $p_快$、$q_{V工}$ 和 $p_工$、$q_{V工}$ 在图 4-28 上作出 k 点和 g 点，再通过 k 点作 AB 的平行线 $A'B'$，通过 g 点作 BC 的平行线 $B'C'$，$A'B'$ 和 $B'C'$ 相交于 B' 点，曲线 $A'B'C'$ 即可供调整液压泵 2 时参考。

4）准备秒表、百分表和钢直尺。

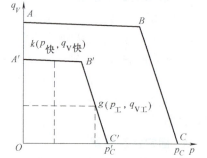

图 4-28　限压式变量泵
流量-压力特性曲线

（2）调整

1）首先适当拧紧液控顺序阀 5 的调节手柄（保证液压缸形成差动连接），将液压泵 2 的压力调节螺钉拧进 2~3r（保证液压泵 2 的限定压力高于快进时所需的最大压力），再按下起动按钮使动力滑台快速前进，同时用钢直尺和秒表测量快进速度，并调节液压泵 2 的流量调节螺钉，直至测得的快进速度符合要求后再锁紧。

2）将压力计开关接通 p_1 测压点，使动力滑台处于固定挡铁停留状态，调节液压泵 2 的压力调节螺钉，直到压力计读数为图 4-28 所示的极限压力 p'_C 后再锁紧。

3）将调速阀 8 全开，溢流阀 4 的调节手柄拧至最松，使动力滑台从原位开始运动。先观察快进时 p_1 测压点的最大压力，并判断是否低于液压泵 2 的限定压力 p'_B（若高于，应重新调高 p'_C）。当挡块压下行程阀 11 后，逐渐关小调速阀 8，同时观察液控顺序阀 5 打开时 p_1 测压点的压力，使液控顺序阀 5 打开时的压力比快进时的最大压力高 0.5~0.8MPa 即可。若差值不符合要求，则应根据差值微调液控顺序阀 5 直至符合要求，再锁紧液控顺序阀 5 的调节手柄。

4）先将调速阀 8 关闭，使滑台处于第一次工作进给状态（无切削工进），再慢慢开大调速阀 8，同时用秒表和钢直尺（工作速度很低时用百分表）测速度，当速度符合第一次工作进给的速度要求后，锁紧调速阀 8 的调节手柄。然后使滑台处于第二次工作进给状态（无切削工进），用同样的方法调整第二次工作进给的速度。

5）将压力计开关接通 p_2 测压点，使滑台处于工作进给状态，调节溢流阀 4 的调节手柄，直至压力计读数为 0.3~0.5MPa，再锁紧阀 5 的调节手柄。

6）测几次有工件试切的实际工作循环各阶段的速度，若发现快进和快退速度高了，可微调液压泵 2 的流量调节螺钉，直至符合要求后再锁紧；若发现工进速度低且不稳定，应微量拧紧液压泵 2 的压力调节螺钉，直至符合要求后再锁紧。

2. 滑台工作循环的调整

1）根据工艺要求调整固定挡铁位置。

2）使压力计开关接通 p_3 测压点，将压力继电器 13 的调节螺钉拧进 1~2 转，用压力计观察有工件切削工进时的最大压力和碰到固定挡铁后压力继电器 13 的动作压力，若动作压力比工进时的最大压力高 0.3~0.5MPa，同时比液压泵 2 的极限压力低 0.3~0.5MPa，则调整完毕；若差值不符合要求，应再微调压力继电器 13 的调节螺钉和（或）液压泵 2 的压力调节螺钉，直至符合要求为止。

3）根据运动行程要求调整挡块位置，根据工作循环调整控制方案。

课题六　万能外圆磨床液压系统

一、概述

万能外圆磨床是一种可以磨削外圆，加上附件又可磨削内孔的精密加工设备。这种磨床具有砂轮旋转、工件旋转、工作台带动工件往复运动和砂轮架同期切入运动。此外，砂轮架还可快速进退，尾座顶尖可以伸缩。在这些运动中，除了砂轮与工件的旋转由电动机驱动外，其余的运动均由液压传动来实现。在所有的运动中，以工作台带动工件往复运动的要求最高，它不仅要保证机床有尽可能高的生产率，还应保证换向过程平稳，换向精度高。

一般工作台的往复运动应满足以下要求：

（1）调速范围较宽　能在 0.05~4m/min 的范围内进行无级调速，高精度的外圆磨床在修整砂轮时要达到 10~30mm/min 的最低稳定速度。

（2）自动换向　在以上速度范围内应能进行频繁换向，并且过程平稳、制动和反向起动迅速。

（3）换向精度高　同一速度下，换向点的变动量（同速换向精度）应小于 0.02mm；不同速度下，换向点的变动量（异速换向精度）应小于 0.2mm。

（4）端点停留　磨削外圆时，砂轮一般不超越工件，为避免工件两端由于磨削时间短而出现尺寸偏大的情况，要求工作台在换向点能做短暂停留，停留时间应在 0~5s 范围内可调。

（5）工作台抖动　切入磨削或砂轮磨削宽度与工件长度相近时，为提高生产率和减小加工面的表面粗糙度值，工作台需做 1~3mm 短行程、频率为 100~150 次/min 的往复运动。

从以上分析可知，在外圆磨床的液压系统中，除第一项属于调速要求外，其余四项均与工作台换向有关，故换向问题是外圆磨床液压系统中的核心问题。

由于外圆磨床工作台的换向性能要求较高,一般的手动换向(不能实现自动往复运动)、机动换向(低速时会出现死点)和电磁换向阀换向(换向时间短、冲击大)均难以满足其换向性能要求,因此,常采用行程控制式换向回路来满足其换向要求。

二、万能外圆磨床液压系统工作原理

图 4-29 所示为 M1432B 型万能外圆磨床液压系统图。该系统能实现工作台往复运动,工作台手动与液动的互锁,砂轮架快进与工件头架的转动、磨削液供给的联动,砂轮架快进与尾座顶尖退回运动的互锁,内圆磨头的工作与砂轮架快退运动的互锁,机床的润滑等。其工作过程如下。

1. 工作台往复运动

(1)工作台右行 如图 4-29 所示状态,先导阀 6、换向阀 9 的阀芯均处于右端,开停阀 10 处于右位,液压油进入液压缸右腔,缸的左腔回油,因此液压油推动工作台液压缸 13 带动工作台向右运动,由节流阀 11 调节其运动速度(回油调速)。其主油路为:

进油路:液压泵 3→换向阀 9 右位(P→A)→工作台液压缸 13 右腔。

回油路:工作台液压缸 13 左腔→换向阀 9 右位(B→T_2)→先导阀 6 右位→开停阀 10 右位→节流阀 11→油箱。

(2)工作台左行 当工作台右行到预定位置时,工作台上左边的挡块 8 拨动与先导阀 6 的阀芯相连接的杠杆,使先导阀 6 的阀芯左移,开始工作台的换向过程。在先导阀 6 阀芯左移的过程中,其阀芯中段制动锥 E 的右边逐渐将回油路上通向节流阀 11 的通道(D_2→T)关小,使工作台逐渐减速制动,实现预制动;先导阀 6 的阀芯继续向左移动到右部环形槽处,使 a_2 与高压油路 a_2' 相通,先导阀阀芯左部环形槽使 a_1→a_1' 接通油箱时,控制油路被切换。这时,借助于抖动缸 7 推动先导阀 6 的阀芯向左快速移动(快跳)。先导阀 6 的控制油路为:

进油路:液压泵 3→精过滤器 5→先导阀 6 左位(a_2'→a_2)→抖动缸 7 左端。

回油路:抖动缸 7 右端→先导阀 6 左位(a_1→a_1')→油箱。

因为抖动缸 7 的直径很小,上述流量很小的液压油足以使其活塞快速右移,并通过杠杆使先导阀 6 的阀芯快跳到左端,从而使通过先导阀到达换向阀右端的控制油路迅速接通,同时又使换向阀 9 左端的回油路也迅速接通(畅通)。这时,换向阀 9 的控制油路是:

进油路:液压泵 3→精过滤器 5→先导阀 6 左位(a_2'→a_2)→单向阀 I_2→换向阀 9 右端。

回油路:换向阀 9 左端回油路在换向阀阀芯左移过程中有以下三种变换:

1)换向阀 9 左端 b_1'→先导阀 6 左位(a_1→a_1')→油箱。换向阀阀芯因回油畅通而迅速左移,实现第一次快跳。当换向阀 9 阀芯快跳到制动锥 F 的右侧时,关小主回油路(B→T_2)通道,工作台便迅速制动(终制动)。当换向阀 9 阀芯继续迅速左移到中部台阶处于阀体中间沉割槽的中心处时,液压缸两腔都通液压油,工作台便停止运动。

2)换向阀 9 的阀芯在控制液压油的作用下继续左移,换向阀阀芯左端回油路改为:换向阀 9 左端→节流阀 J_1→先导阀 6 左位(a_1→a_1')→油箱。这时,换向阀阀芯按节流阀(停留阀)J_1 调节的速度左移,由于换向阀 9 阀体中心沉割槽的宽度大于中部台阶的宽度,因此在阀芯慢速左移的一定时间内,液压缸两腔继续保持互通,使工作台保持短暂的停留,其停留时间在 0~5s 内由节流阀 J_1、J_2 调节。

3)当换向阀阀芯慢速左移到左部环形槽与油路(b_1→b_1')相通时,换向阀左端控制液

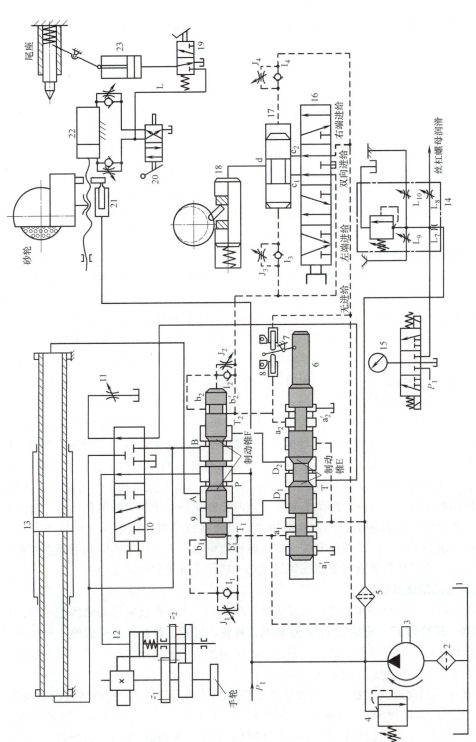

图 4-29 M1432B 型万能外圆磨床液压系统图

1—油箱 2—粗过滤器 3——液压泵 4——溢流阀 5—精过滤器 6—先导阀 7—抖动阀 8—挡块 9—换向阀 10—开停阀 11—节流阀 12—互锁缸 13—工作台液压缸 14—润滑稳定器 15—压力计开关 16—选择阀 17—进给阀 18—进给缸 19—尾座换向阀 20—快动换向阀 21—闸缸 22—快动缸 23—尾座缸

压油的回油路又变为：换向阀 9 左端→油路 b_1→换向阀 9 左部环形槽→油路 b_1'→先导阀 6 左位（a_1→a_1'）→油箱。这时，由于换向阀 9 左端回油路畅通，换向阀阀芯实现第二次快跳，使主油路迅速切换，工作台则迅速反向起动（左行）。这时的主油路是：

进油路：液压泵 3→换向阀 9 左位（P→B）→工作台液压缸 13 左腔。

回油路：工作台液压缸 13 右腔→换向阀 9 左位（A→T_1）→先导阀 9 左位（D_1→T）→开停阀 10 右位→节流阀 11→油箱。

当工作台左行到位时，其上的挡块又碰杠杆推动先导阀右移，重复上述换向过程实现工作台的自动换向。

（3）工作台液动与手动的互锁　工作台液动与手动的互锁是由互锁缸 12 来完成的。当开停阀 10 处于图 4-29 所示位置时，互锁缸 12 的活塞在液压油的作用下压缩弹簧并推动齿轮 z_1 和 z_2 脱开，这样，当工作台液动（往复运动）时，手轮不会转动。

当开停阀 10 处于左位时，互锁缸 12 通油箱，活塞在弹簧力的作用下带着齿轮 z_2 移动，使 z_1 和 z_2 啮合，工作台就可以用手摇机构摇动。

2. 砂轮架的快速进退运动

砂轮架的快速进退运动是由快动换向阀（手动二位四通换向阀）20 操纵、由快动缸 22 来实现的。在图 4-29 所示位置时，快动换向阀 20 右位接入系统，液压油经快动换向阀 20 右位进入快动缸 22 右腔，其左腔回油，砂轮架快速前进到其最前端位置，此位置靠砂轮架与定位螺钉接触来保证。当快动换向阀换左位接入系统时，快动缸左腔进油、右腔回油，砂轮架快速后退到最后端位置。为了防止砂轮架快进、快退时引起冲击和提高快进后的重复位置精度，在快动缸两端设有缓冲装置，同时在砂轮架前设置有闸缸 21，并一直作用于砂轮架上，以消除丝杠和螺母间的间隙。

快动换向阀 20 的下面装有一个自动启闭头架电动机和冷却电动机的行程开关，以及一个与内圆磨具连锁的电磁铁（图上均未画出）。当快动换向阀处于右位（"快进"位）时，其阀芯端部压下行程开关，使工件头架电动机及冷却泵电动机同时起动，从而使工件转动、磨削液供给；当快动换向阀处于左位（"快退"位）时，行程开关松开，磨削液不再供给。

在进行内圆磨削时，应将内圆磨头座翻下，这时砂轮架应处于快进后的位置上。为了确保工作安全，防止砂轮尚未退出工件内孔即快速后退而造成事故，在磨床上设置了安全装置。当内圆磨头座翻下时，压下微动开关，使电磁铁通电吸合，将快动换向阀的阀芯锁紧在快进后的位置上，这样砂轮架就不能实现快退运动，确保了机床的使用安全。

3. 砂轮架的周期进给运动

砂轮架的周期进给运动是在工作台往复运动行程终了、工作台反向起动之前进行的，它是由选择阀 16、进给阀 17、进给缸 18 通过棘爪、棘轮、齿轮、丝杠等来完成的。根据加工需要，砂轮架的周期进给有双向进给、左端进给、右端进给和无进给四种方式，用进给操纵箱进行控制。

图 4-29 所示为双向进给位置（即砂轮架在工件两端均进行进给），其周期进给油路为：液压油从 a_1 点→J_4→进给阀 17 右端；进给阀 17 左端→I_3→a_2→先导阀 6→油箱；进给缸 18→d→进给阀 17→c_1→选择阀 16→a_2→先导阀 6→油箱，进给缸 18 柱塞在弹簧力的作用下复位。当工作台开始换向时，先导阀 6 换位（左移），使 a_2 点变为高压、a_1 点变为低压（回油箱）。此时的周期进给油路为：液压油从 a_2 点→J_3→进给阀 17 左端；进给阀 17 右

端→I_4→a_1 点→先导阀 6→油箱，使进给阀右移；与此同时，液压油经 a_2 点→选择阀 16→c_1→进给阀 17→d→进给缸 18，推动进给缸 18 柱塞左移，柱塞上的棘爪拨动棘轮转过一个角度，通过齿轮等推动砂轮架进给一次。进给阀 17 活塞继续右移至堵住 c_1 而接通 c_2，这时液压油经进给缸 18 右端→d→进给阀 17→c_2→选择阀 16→a_1→先导阀 6→油箱，进给缸 18 在弹簧力的作用下再次复位。当工作台再次换向时，周期进给一次。若将选择阀 16 转到其他位置，如右端进给，则工作台只有在换向到右端时才进给一次，其进给过程不再赘述。

同理，当工作台向左移近换向点（砂轮位于工件右端）时，砂轮架则在工件的右端进给一次，其工作原理与上述相同。

每进给一次，是由一股液压油（压力脉冲）推动进给缸柱塞上的棘爪拨动棘轮转一角度。砂轮架每次进给量的大小可由棘爪棘轮机构来调整，进给运动所需时间的长短可通过节流阀 J_3、J_4 来调整。

4. 尾座顶尖的松开与夹紧

尾座顶尖只有在砂轮架处于后退位置时才允许松开。为方便操作，采用脚踏式二位三通阀（尾座换向阀）19 来操纵，由尾座缸 23 来实现。只有当快动换向阀 20 处于左位、砂轮架处于后退位置、尾座换向阀处于右位时，才会有液压油通过尾座换向阀进入尾座缸，推动杠杆拨动尾座顶尖松开工件。当快动换向阀 20 处于右位（砂轮架处于前端位置）时，油路为低压（回油箱），这时如果误踏尾座换向阀 19 也无液压油进入尾座缸 23，顶尖也就不会推出。尾座顶尖靠弹簧力对工件进行夹紧。

5. 机床的润滑

液压泵输出的液压油经精过滤器后分成两路：一路进入先导阀作为控制油液，另一路则进入润滑稳定器作为润滑油。润滑油用固定节流阀 L_7 降压，润滑油路中的压力由压力阀调节（一般为 $0.1 \sim 0.15$MPa）。液压油经节流阀 L_8、L_9、L_{10} 分别流入丝杠螺母传动副、V 形导轨、平面导轨等处进行润滑，各润滑点所需流量分别由各自的节流阀调节。

三、万能外圆磨床液压系统的特点

1）采用活塞杆固定的双活塞杆液压缸，减少了机床的占地面积，同时也保证了左、右两个方向运动速度的一致。

2）工作台往复运动（含抖动）及砂轮架的周期自动进给运动均由专用液压操纵箱来控制，其结构紧凑，安装使用方便。

3）抖动缸的采用不仅提高了换向精度，而且能使工作台做短距离的高频抖动，有利于保证切入式磨削和阶梯轴（孔）磨削的加工质量。采用了由机动先导阀和液动换向阀组成的行程制动式机-液换向回路，使工作台换向平稳，换向精度高。

4）采用了结构简单的节流阀回油路节流调速回路，功率损失小，这对调速范围不大、负载较小且基本恒定的磨床来说是适宜的。此外，由于节流阀位于回油路上，液压缸回油中有背压，可以防止空气渗入液压系统，有助于保证工作平稳和加速工作台的制动。

5）该系统由机-电-液联合控制，实现了多种运动间的联动、互锁等关系，使操作方便、安全，同时提高了该机床的自动化程度。

四、万能外圆磨床液压系统的调整

1. 压力的调整

1）将溢流阀的调压手柄拧至最松，关闭节流阀，使压力计开关和开停阀左位接入系统。

2）起动液压泵，然后慢慢拧紧溢流阀的调压手柄，同时观察压力计读数，当读数为 0.9~1.1MPa 时锁紧调压手柄。

3）将压力计开关右位接入系统，调节润滑系统压力阀的调压螺钉，同时观察压力计读数，当读数为 0.1~0.15MPa 时锁紧调压螺钉。

4）使开停阀右位接入系统，慢慢开大节流阀，使工作台往复运动，并观察 P_1 测压点和润滑油压力是否在规定范围内，同时应注意润滑油油量是否正常，导轨润滑油不宜过多（会使工作台产生浮动而影响运动精度）或过少（会使工作台产生低速爬行现象）。一般油量过多时，应首先检查润滑油压力是否过高，必要时可降低压力后再调节节流阀 L_6 和 L_7。若油量过少，则应考虑润滑油压力是否过低，可先升高压力再调节流量。

2. 抖动缸调整

1）将砂轮架底座前端的定位螺钉旋出，使砂轮架快速前进至最前端，将千分表磁性表座固定在工作台上，表头触及砂轮架得出一个读数。

2）将定位螺钉旋入，迫使横进丝杠后退 0.05~0.10mm（此值由千分表反映）。

3）将砂轮架快速进退 10 次，并观察千分表读数变化值，若变化值在 0.003mm 以内，且无冲击现象，则调整完毕。

实践与思考： 观察工业机器人是否是利用液压传动的？如果不是，思考它们采用何种传动方式。如果是，试着分析其液压部件组成，并说明其工作原理。

单元五　气压传动基础

内容构架

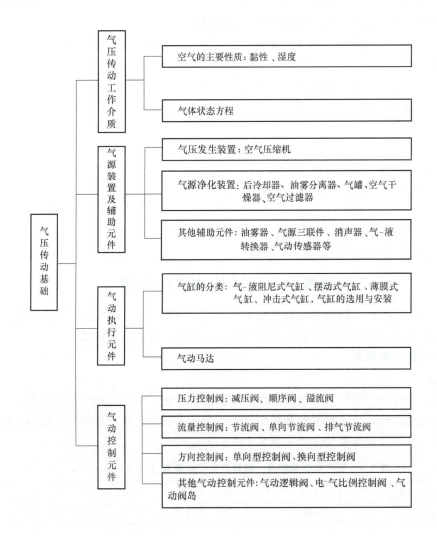

气压传动基础
- 气压传动工作介质
  - 空气的主要性质：黏性、湿度
  - 气体状态方程
- 气源装置及辅助元件
  - 气压发生装置：空气压缩机
  - 气源净化装置：后冷却器、油雾分离器、气罐、空气干燥器、空气过滤器
  - 其他辅助元件：油雾器、气源三联件、消声器、气-液转换器、气动传感器等
- 气动执行元件
  - 气缸的分类：气-液阻尼式气缸、摆动式气缸、薄膜式气缸、冲击式气缸，气缸的选用与安装
  - 气动马达
- 气动控制元件
  - 压力控制阀：减压阀、顺序阀、溢流阀
  - 流量控制阀：节流阀、单向节流阀、排气节流阀
  - 方向控制阀：单向型控制阀、换向型控制阀
  - 其他气动控制元件：气动逻辑阀、电气比例控制阀、气动阀岛

学习引导

　　液压传动和气压传动都属于流体传动，在系统组成、工作原理、元件等方面有许多相似之处。但由于所使用介质的性质不同，液压传动和气压传动又各有特点，在某些方面甚至存在明显差异，在学习过程中一定要注意进行区别和融会贯通。气压传动的工作介质是取之不尽的空气，它无污染，成本低，适于远距离输送，废气无须回收。本单元从空气的性质及气体状态变化规律入手，再围绕气源装置、气动执行元件、控制元件和辅助元件等内容进行展

开，详细分析空气压缩机的原理、压缩空气的净化、储存、传输装置和油雾器等气动辅助元件的结构及作用，气动执行元件的分类、工作原理及性能；重点介绍三类气动阀中常见的、与同类液压阀相比结构和工作原理比较特殊的气动阀。

【目标与要求】

➢ 1. 能够叙述空气的基本性质，并正确分析空气的基本性质对气压传动的影响。

➢ 2. 能够正确选用空气压缩机。

➢ 3. 能掌握常用气源净化装置的结构特点和作用。

➢ 4. 能够正确选用气动辅助元件并进行安装和连接。

➢ 5. 能够叙述气缸的主要类型，并能举例说明气压传动中的几种特殊气缸。

➢ 6. 能分析气动马达的工作原理、结构特点及使用场合。

➢ 7. 能说明各类气动控制元件的工作原理和基本性能。

➢ 8. 会根据生产实际需求，选用合适的气动控制元件。

【重点与难点】

重点：

● 1. 常用气缸的工作原理及主要特点。

● 2. 气动控制元件的类型、功能及图形符号。

难点：

● 1. 部分气压阀与液压阀的区别。

● 2. 各气压传动元件的功能及应用场合。

课题一 气压传动工作介质

气压传动中所用的工作介质是自然界中的空气，因此，要正确安装、维护与设计气压传动系统，必须首先了解空气的性质及其对气压传动系统的影响等基础知识。

一、空气的主要性质

1. 黏性

气体在流动过程中产生内摩擦力的性质称为黏性，表示黏性大小的量称为黏度。空气黏度受温度变化的影响，且随温度的升高而增大；而压力的变化对黏度的影响很小，可忽略不计。空气的运动黏度随温度变化的关系见表 5-1。

表 5-1 空气的运动黏度 ν 随温度变化的关系（压力为 0.1MPa）

$t/℃$	0	5	10	20	30	40	60	80	100
$\nu/10^{-4}(m^2/s)$	0.133	0.142	0.147	0.157	0.166	0.176	0.196	0.210	0.238

2. 湿度

空气中或多或少总含有水蒸气，即自然界中的空气为湿空气。气压传动系统中应用的工作介质——空气，其干湿程度对整个系统的工作稳定性和使用寿命都将产生一定的影响。若空气的湿度较大，即空气中含有的水蒸气较多，则在一定的温度和压力下，此湿空气将在系统中的局部管道和气动元件中凝结出水滴，使气动管道和气动元件锈蚀，严重时甚至会导致整个系统工作失灵。因此，对于各种气动元件，不仅对其含水量有明确的规定，而且必须采取适当措施防止水分进入。

湿空气中所含水分的程度常用湿度来表示，包括绝对湿度和相对湿度。

（1）绝对湿度　绝对湿度是指单位体积湿空气中所含水蒸气的质量，用 x（kg/ m^3）表示，即

$$x = m_s / V \tag{5-1}$$

式中，m_s 是水蒸气的质量（kg）；V 是湿空气的体积（m^3）。

在一定温度下，当湿空气中的水蒸气达到饱和状态时，称此条件下的绝对湿度为饱和绝对湿度，用 x_b（kg/m^3）表示。

绝对湿度表明了湿空气中所含水蒸气的多少，但它还不能说明湿空气吸收水蒸气的能力。要了解湿空气的吸湿能力以及它与饱和状态的差距，需要引入相对湿度的概念。

（2）相对湿度　相对湿度是指在温度和总压力不变的条件下，绝对湿度（x）与饱和绝对湿度（x_b）的比值，用 φ 表示，即

$$\varphi = \frac{x}{x_b} \times 100\% \tag{5-2}$$

当空气绝对干燥时，$\varphi = 0$；当空气达到饱和状态时，$\varphi = 1$。气动技术中规定，各种阀的工作介质的相对湿度应小于 95%。当温度下降时，饱和空气中水蒸气的含量降低，因此从减少空气中所含水分的角度来说，降低进入气动设备的空气温度对气动系统来说是十分有利的。

二、气体状态方程

1. 理想气体状态方程

所谓理想气体是指没有黏性，并将气体分子仅看作质点的气体。当气体处于某一平衡状态时，其压力、温度和比体积之间的关系为

$$pV/T = 常数 \tag{5-3}$$

或者

$$p/\rho = RT \tag{5-4}$$

式中，p 是气体的绝对压力（Pa）；V 是气体的体积（m^3/kg）；T 是气体的绝对温度（K）；ρ 是气体的密度（kg/m^3）；R 是气体常数（J/kg·K），干空气 $R = 287.1$J/kg·K，水蒸气 $R = 462.05$J/kg·K。

2. 理想气体的状态变化过程

（1）等容变化过程　一定质量的理想气体在状态变化过程中容积保持不变的过程，即

$$p_1 / T_1 = p_2 / T_2 \tag{5-5}$$

等容变化过程中，气体压力与绝对温度成正比（查理定律）。

（2）等压变化过程　一定质量的理想气体在状态变化过程中压力保持不变的过程，即

$$V_1 / T_1 = V_2 / T_2 \tag{5-6}$$

等压变化过程中，气体体积与绝对温度成正比（盖-吕萨克定律）。

（3）等温变化过程　一定质量的理想气体在状态变化过程中温度不变的过程，即

$$p_1 V_1 = p_2 V_2 \tag{5-7}$$

等温变化过程中，当压力上升时，气体体积被压缩；当压力下降时，气体体积膨胀（玻意耳定律）。在气动技术中，气体状态缓慢变化的过程都可看作等温过程。

（4）绝热变化过程　一定质量的气体，在状态变化过程中，与外界完全无热量交换的过程称为绝热变化过程（简称绝热过程）。状态参数之间的关系为

$$p_1 V_1^{\kappa} = p_2 V_2^{\kappa} \tag{5-8}$$

式中，κ 是等熵指数，对于干空气，$\kappa = 1.4$；对于饱和水蒸气，$\kappa = 1.3$。

在气压传动中，快速动作可被认为是绝热过程。例如，空气压缩机的活塞在气缸中的运动是极快的，以致缸中气体的热量来不及与外界进行热量交换，这个过程就被认为是绝热过程。

课题二　气源装置及辅助元件

气压传动系统所使用的压缩空气必须经过干燥和净化处理后才能使用。气源装置为气压传动系统提供满足一定要求的压缩空气，它是气动系统的动力源，一般由以下三部分组成：气压发生装置（空气压缩机）、气源净化装置、传输压缩空气的管道系统。

一、气压发生装置

气压发生装置主要是空气压缩机（简称空压机），它是将机械能转换为气体压力能的能量转换装置。它是气源系统的核心设备，是气压传动系统的动力源。

（1）空气压缩机的类型　空气压缩机的种类很多，按照额定压力大小，可以分为低压空压机（0.2~1.0MPa）、中压空压机（1.0~10MPa）和高压空压机（大于10MPa）；按工作原理可分为容积型和速度型两类，见表5-2。

表 5-2　空气压缩机的类型

类型			应用
容积型	往复式	活塞式	应用最为广泛
		膜片式	用于小流量供气
	旋转式	滑片式	用于精密气动设备供气
		螺杆式	用于低噪声供气
速度型	离心式		用于一般供气系统
	轴流式		用于大型供气系统

（2）空气压缩机的选用　选用空气压缩机的主要依据是气压传动系统所需要的工作压力和流量。

1）空气压缩机的排气压力。当气动系统中各气动装置对供气气源有不同的压力要求时，应按其中的最高压力要求，再加上压缩空气流过各气动元件的压力损失，作为选用空气压缩机输出压力的依据。当气动系统中的某些装置要求较低的气源压力时，可采用减压的方式供给。目前，气压传动系统的最大工作压力一般为0.5~0.8MPa，因此多选用额定排气压力为0.7~1.0MPa的低压空气压缩机。有特殊需要时，也可选用中压（1.0~10MPa）或高压（大于10MPa）空气压缩机。

2）空气压缩机的输出流量。在确定空气压缩机的供气量时，应满足整个气动系统中各气动设备所需最大耗气量之和的要求，再加上一定的备用余量。空压机铭牌上的流量为自由空气流量。

根据以上两个参数并结合实际情况，便可从产品样本中选取适当规格和型号的空压机。

（3）空气压缩机的安装与安全事项

1）为了保证空气压缩机吸入空气的质量，在安装空气压缩机时，必须保证其工作环境粉尘少、清洁、湿度小、通风好。

2）应预留一定空间，以便进行维护保养。

3）空气压缩机的回转部位要有防护措施，在空气压缩机的周围要张贴或悬挂醒目的安全提示牌，起到安全提示或警示的作用，以保证安全。

4）严格遵守限制噪声的有关规定，采取技术措施，防止由空气压缩机振动所产生的噪声传到室外。

二、压缩空气储存与净化装置

气压系统气源净化装置

由空气压缩机排出的压缩空气，虽然能满足一定的压力和流量要求，但还不能直接供给气动装置使用。因为空气压缩机从大气中吸入含有水分和杂质的空气，经压缩后空气温度升至140~170℃，使空气中的水分和空气压缩机气缸中的部分润滑油变成气态，水汽、油气和灰尘等杂质将混合在压缩空气中一起排出。如果将这些含有杂质的压缩空气直接供给气动设备使用，将会对气动装置的工作稳定性和使用寿命产生影响，因此须对空气压缩机输出的压缩空气进行净化，提高压缩空气质量。常见的气源净化装置有后冷却器、油雾分离器、气罐、空气干燥器和空气过滤器。

1. 后冷却器

后冷却器安装在空气压缩机出口处的管道上，其作用是将空气压缩机排出气体的温度从140~170℃降至40~50℃，使其中的水分和油雾凝聚成水滴和油滴，以便清除。

后冷却器有风冷式和水冷式两类。图5-1所示为蛇管式水冷式后冷却器，其工作原理为：利用压缩空气在管内流动、冷却水在管外反向流动进行冷却。为了提高降温效果，安装时要注意冷却水与压缩空气的流动方向；使用中要注意定期排放冷凝水，特别是冬季要防止水冻结。

2. 油雾分离器

油雾分离器设置在后冷却器之后，其作用是将凝聚在压缩空气中的水滴、油滴和灰尘等杂质分离出来，使压缩空气得到初步净化。

图5-2所示为撞击折回式油雾分离器。这种油雾分离器在工作时，采用了惯性分离原理。气流以一定的速度进入油雾分离器，先受挡板阻挡折向下方，然后又环形回转上升，压缩空

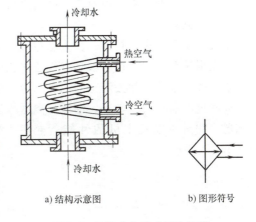

a) 结构示意图　　b) 图形符号

图5-1　蛇管式水冷式后冷却器

气中的水滴、油滴依靠转折时离心力的作用分离析出，积聚在油雾分离器底部，经排污阀定期排出。

3. 气罐

气罐的作用：①储存一定量的压缩空气，调节用气量，以备发生故障和临时需要时应急使用；②消除压力波动，保证输出气流的连续性、稳定性；③进一步分离压缩空气中的水分和油等杂质。

气罐一般采用圆筒状焊接结构，有立式和卧式两种，以立式居多。为保证气罐的安全和

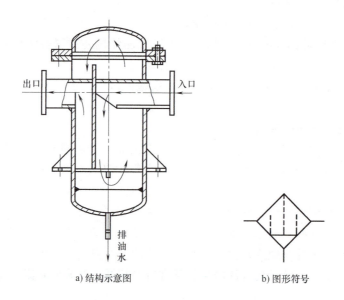

a) 结构示意图   b) 图形符号

图 5-2　撞击折回式油雾分离器

维修方便，应配置安全阀、压力表等附件。其图形符号如图 5-3a 所示。

4. 空气干燥器和空气过滤器

从空气压缩机输出的压缩空气经过后冷却器、油雾分离器和气罐的初步处理后，已能满足一般气动系统的要求。但对于一些精密机械、仪表等装置来说还不能满足要求，还须进行干燥、过滤处理。

空气干燥器的作用是进一步去除空气中的水分，使空气干燥。常用的空气干燥方法有冷冻法、吸附法等。空气过滤器是空气压缩机的一道重要防护屏障，其作用是滤除吸入空气中的尘埃和颗粒杂质，除去液态的油和水滴，使压缩空气进一步得到净化，但不能除去气态物质。有些过滤器常与干燥器、油雾分离器等做成一体。吸入的空气越洁净，则过滤器、油雾分离器、润滑油以及主机的性能就越好，使用寿命就越长。空气干燥器的图形符号如图 5-3b、c 所示。

a) 气罐   b) 空气干燥器   c) 空气过滤器

图 5-3　气罐、空气干燥器和空气过滤器的图形符号

三、其他辅助元件

1. 油雾器

油雾器是一种特殊的注油装置，它以压缩空气为动力，将润滑油喷射成雾状并混合于压缩空气中，使压缩空气具有润滑气动元件的功能，以减轻相对运动部件的表面磨损。油雾器

的工作原理如图 5-4 所示。当压力为 p_1 的气流经过狭窄的颈部通道时，因流速增大，压力降低为 p_2，在 p_1 和 p_2 压力差的作用下，油池中的润滑油就沿竖直细管（称为文氏管）被吸往上方，并滴向颈部通道，随即被喷射雾化后随气流带入系统。

油雾器的选用主要依据推动油雾器的流量和油雾粒径大小两个参数。油雾器单独使用时，其进出口应水平安装在减压阀之后、换向阀之前，并尽量靠近换向阀，与阀的距离一般不得超过 5m，同时应注意管径大小和管道的弯曲程度。

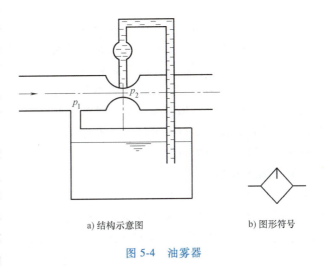

a) 结构示意图   b) 图形符号

图 5-4 油雾器

2. 气源三联件

在气动技术中，通常将空气过滤器、减压阀和油雾器三种气源处理元件依次无管化连接而形成组件，使之具有过滤、减压和油雾的功能，为气动设备提供干燥、稳定的气源以及良好的润滑，该组件称为气源三联件，其图形符号如图 5-5 所示。

3. 消声器

气动系统一般不设排气回路，使用后的压缩空气直接排入大气，由于余压很高、阀内气路复杂且狭窄，会产生强烈的排气噪声（有时可达 $100 \sim 120 \text{dB}$），使工作环境恶化，危害人体健康。一般噪声高于 85dB 就要设法降低噪声，因此常在换向阀的排气口处安装消声器来降低噪声。

消声器是通过阻尼或降低排气速度等方法来降低噪声的元件。消声器的主要类型有吸收型、膨胀干涉型和膨胀干涉吸收型。图 5-6 所示为气动装置中常用的一种吸收型消声器，它是依靠吸声材料（如玻璃纤维、毛毡、泡沫塑料、烧结材料等）来消声的。其消声原理是：当有压缩气体通过消声罩时，气流受到阻力，声能被部分吸收而转化为热能，以降低噪声强度。

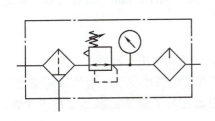

图 5-5 气源三联件的图形符号

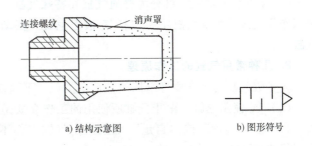

a) 结构示意图   b) 图形符号

图 5-6 吸收型消声器

4. 气-液转换器

在气动控制系统中，控制部分的工作介质为气体，而信号传感部分和执行部分的工作介质不一定全是气体，可能用电或液体传输，这就需要通过转换器来转换。常用的转换器有气-电、电-气、气-液转换器等。图 5-7 所示为一种直接作用式气-液转换器。气-液转换器是将气压能转换成液压能的能量转换装置，当压缩空气由上部输入管进入并作用在液压油面上时，液压油即以相同的压力由转换器主体下部的排油孔输出到液压缸中，使液压缸产生动作。

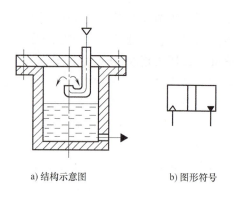

a) 结构示意图   b) 图形符号

图 5-7 直接作用式气-液转换器

5. 气动传感器

气动传感器的作用是对气动系统中的各种物理量进行检测并将信息传递给控制元件，是实现气动系统自动化控制不可缺少的元件。根据检测对象的不同，传感器可分为位置传感器（行程开关、接近开关、电子开关）、压力传感器和温度传感器等。

课题三 气动执行元件

气动执行元件是将压缩空气的压力能转化为机械能的能量转换装置，它能驱动机构实现往复直线运动、摆动、旋转运动或冲击动作。气动执行元件包括气缸和气动马达。气缸用来实现往复直线运动和输出推力或拉力，气动马达用来实现旋转运动。

一、气缸

1. 气缸的分类

气缸是气动系统中使用最广泛的一种执行元件。气缸的使用条件不同，其结构形式和种类很多。

1）按气缸的结构特点，可分为活塞式气缸、薄膜式气缸、摆动式（叶片式）气缸等。其中活塞式气缸又分为单活塞式和双活塞式，单活塞式气缸包括有杆活塞式和无杆活塞式两种，无杆活塞式气缸常用于行程长的场合，广泛应用于气动机器人、自动化系统中。

2）按压缩空气作用在活塞端面上的方向，分为单作用气缸和双作用气缸。

3）按气缸的安装方式，可分为固定式气缸（耳座式、凸缘式、法兰式）、轴销式气缸、回转式气缸和嵌入式气缸等。

4）按气缸的功能，可分为普通气缸和特殊气缸。普通气缸主要是指活塞式单作用气缸和双作用气缸；特殊气缸主要包括气-液阻尼缸、摆动式气缸、增压气缸、回转气缸、步进气缸等。

2. 几种常用气缸的工作原理

大多数气缸的工作原理与同类液压缸类似。下面仅介绍几种常用气缸的工作原理。

（1）气-液阻尼缸 由于气缸所使用的工作介质是具有压缩性的空气，若外载荷变化较大，会产生"爬行"或"自走"现象，使气缸工作不稳定。为了提高活塞运动的平稳性，常用气-液阻尼缸。

图 5-8 所示为串联式气-液阻尼缸的工作原理。它用一根活塞杆将气缸活塞和液压缸活塞串联在一起，两缸之间用中盖隔开。工作时由气缸驱动，液压缸起阻尼作用；单向节流阀可调节液压缸的排油量，从而调节活塞的运动速度。由于液压缸内的工作介质为油，可以看

作不可压缩流体，因而即使外负载发生变化，也能使活塞杆的运动均匀、平稳。气-液阻尼缸与气缸相比，具有传动平稳、停位精确、噪声小等特点；与液压缸相比，具有不需要液压源、经济性好等特点。它同时具有液压与气动的特点，因此得到了越来越广泛的应用。

（2）摆动式气缸　摆动式气缸的作用是将压缩空气的压力能转变成气缸输出轴的摆动机械能。图 5-9 所示为摆动式气缸的工作原理，主要由缸体、定子、转子和叶片组成。定子与缸体固定在一起，叶片与转子（即输出轴）连在一起。定子上有两条气路，左路进气时，右路排气，压缩空气推动叶片带动转子沿顺时针方向转动；反之，转子则沿逆时针方向转动。叶片式摆动气缸可分为单叶片式、双叶片式和多叶片式。它多用于安装位置受到限制或转动角度小于 360° 的回转工作部件，如阀门的开启、夹具的回转以及自动线上物料工作台的转位等。

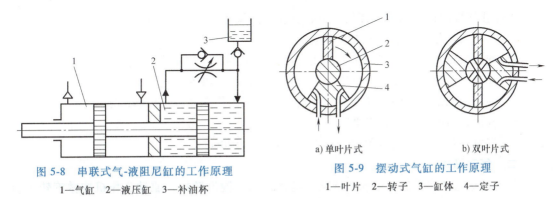

图 5-8　串联式气-液阻尼缸的工作原理
1—气缸　2—液压缸　3—补油杯

图 5-9　摆动式气缸的工作原理
a) 单叶片式　　b) 双叶片式
1—叶片　2—转子　3—缸体　4—定子

（3）薄膜式气缸　图 5-10 所示为薄膜式气缸的工作原理，它是一种利用压缩空气通过膜片推动活塞杆做往复直线运动的气缸。它由缸体、膜片、膜盘和活塞杆等组成，有单作用式，也有双作用式。其特点是结构紧凑，重量轻，维修方便，密封性好，成本低；但因膜片变形量有限，故行程短（一般不超过 40mm），常用于气动夹具、自动调节阀及化工生产过程中的调节器等。

（4）冲击式气缸　冲击式气缸是一种较新型的气缸，其作用是把压缩空气的压力能转换为活塞组件高速运动的动能，能产生较大的冲击力。与普通气缸相比，冲击式气缸的主要特点是增加了一个具有一定容积的蓄能腔和喷嘴口。其工作原理如图 5-11 所示，当活塞 6

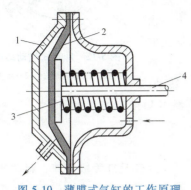

图 5-10　薄膜式气缸的工作原理
1—缸体　2—膜片　3—膜盘　4—活塞杆

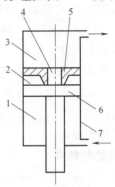

图 5-11　冲击式气缸的工作原理
1—活塞杆腔　2—活塞腔　3—蓄能腔　4—喷嘴口
5—中盖　6—活塞　7—缸体

处于图示原始位置时，中盖 5 的喷嘴口 4 被活塞封闭。随着换向阀的换向，压缩空气进入蓄能腔 3，活塞杆腔 1 与大气相通，活塞 6 在喷嘴口 4 面积上的气压作用下移动，喷嘴口 4 开启，积聚在蓄能腔 3 中的压缩空气通过喷嘴口 4 突然作用在活塞 6 的全部面积上，喷嘴口 4 处产生高速气流喷入活塞腔 2，活塞在较大的气体压力作用下加速向下运动，瞬间以很高的速度（为相同条件下普通气缸的 5~15 倍），即很高的动能冲击工件做功。冲击式气缸广泛应用在型材下料、锻造、打印标记、冲孔、铆接、切割、破碎等场合。

3. 气缸的选用与安装

通常情况下，应尽可能选用标准气缸。选用标准气缸时，首先要根据工作需求确定气缸类型和安装形式；然后根据工作任务来确定活塞杆的推力和拉力、气缸行程长度和气缸内径等；最后，再按气缸系列和产品样本进行选取。

为保证气缸的正常工作及使用寿命，安装时必须注意以下事项：

1）必须按产品说明书的要求正确安装气缸。

2）气缸的正常工作环境及工作介质温度为 -35~80℃，工作压力为 0.2~0.8MPa。

3）安装气缸前，应在 1.5 倍工作压力下试压，不得出现漏气现象。

4）除无油润滑气缸外，装配时，所有相对运动工作表面应涂以润滑脂。

5）气源进口必须安装油雾器。

6）气缸一般不使用满行程，行程余量应留 30~100mm。

二、气动马达

气动马达的功能类似于电动机或液压马达，用于输出转矩，驱动工作机构做旋转运动。最常见的气动马达有叶片式、活塞式和薄膜式三种。

1. 叶片式气动马达的工作原理

叶片式气动马达的主要结构和工作原理与叶片式液压马达相似。如图 5-12 所示，叶片式气动马达的 3~10 个叶片安装在转子的径向槽内，转子安装在偏心的定子内，定子两端有密封盖，密封盖上有弧形槽与两个进排气孔 A、B 及叶片底部相连通，由转子的外表面、定子的内表面、叶片及两密封盖形成若干个密封工作腔。压缩空气从进气口 A 进入工作腔后分成两路：一路经定子两端密封盖的弧形槽进入叶片底部，将叶片推出，使叶片顶在定子的内壁上；另一路进入密封工作腔作用在相邻两叶片上，由于转子 2 与定子 1 间存在偏心，围成工作腔的两个叶片伸出的长度不相等，作用面积也就不相等，作用在两叶片上的转矩大小也不一样，从而产生了转矩差使转子沿逆时针方向转动，

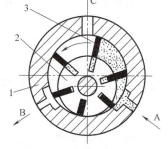

图 5-12　叶片式气动马达
1—定子　2—转子　3—叶片

并输出旋转机械能，废气从排气口 C 排出，残余气体则经 B 口排出（二次排气）。若进、排气口互换，则转子反转。

2. 气动马达的特点

气动马达具有体积小、重量轻、操作简单、防爆、可正反转且能无级调速、起动转矩较大等优点；但它的输出功率较小、效率低、耗气量大、噪声大。气动马达被广泛应用于工业生产中的风动扳手、风钻等气动工具，以及医疗器械中的高速牙钻及矿山机械等中。

3. 气动马达的选用

气动马达的主要技术参数是功率和转速。在选用气动马达时，首先要考虑负载状态要求：在变负载情况下，主要考虑转速范围及满足实际所需的转矩；在恒负载情况下，工作速度则是重要因素。此外，还要考虑耗气量、工作压力、效率、安装形式及重量等因素。

润滑良好是气动马达正常工作的重要保证。气动马达在润滑正确、良好的情况下，在两次检修之间至少可运转 2500~3000h。一般应在气动马达的换向阀前安装油雾器，以便进行不间断的润滑。

> **实践与思考：**参照气缸和气动马达的结构原理图，拆卸实训室里的气缸和气动马达，观察其各组成部分的结构，想想活塞与缸体、端盖与缸体、活塞杆与端盖间的密封形式有哪些。

课题四 气动控制元件

气动系统中，气动控制元件用来控制和调节压缩空气的压力、流量和流动方向，以保证气动执行元件按规定的程序正常地进行工作。气动控制元件按功能不同，可分为压力控制阀、流量控制阀和方向控制阀。此外，还有气动逻辑元件和比例控制阀等。气动控制阀的功能、工作原理等与液压控制阀类似，仅是在结构上有所不同。

一、压力控制阀

压力控制阀按控制功能不同，可分为减压阀、顺序阀和溢流阀（安全阀）。它们都是利用作用于阀芯上的压缩空气压力和弹簧力相平衡的原理来工作的。

1. 减压阀

气动系统中各种气动装置用的工作气源一般都来自压缩空气站。由于压缩空气站提供的压力高于设备和装置所需的工作压力，且压力波动较大，因此，为了得到每台气动装置实际需要的压力，需要用减压阀来减压，并保持空气压力值的稳定。

图 5-13 所示为常用的 QTY 型直动式减压阀，其工作原理是：当阀处于工作状态时，沿顺时针方向旋转调节手柄 1，调压弹簧 2、3 推动膜片 5 下移，膜片 5 又推动阀杆 7 下移，进气阀芯 8 被打开，则有气流输出。输出气流的一部分由阻尼孔 6 进入膜片 5 下面的气室，在膜片 5 的下方产生一个向上的推力，这个推力总是企图把阀口开度减小，从而减小流量使输出压力下降。当作用于膜片上的推力与调压弹簧力相平衡后，减压阀的

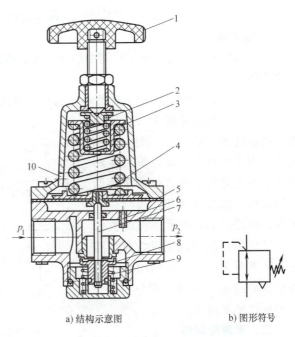

a) 结构示意图   b) 图形符号

图 5-13 QTY 型直动式减压阀

1—调节手柄　2、3—调压弹簧　4—溢流阀座　5—膜片
6—阻尼孔　7—阀杆　8—进气阀芯　9—复位弹簧　10—排气孔

输出压力便保持稳定。

当输入压力 p_1 瞬时升高时，输出压力 p_2 也会随之升高，作用在膜片 5 上的推力增大，破坏了原来的平衡，膜片 5 上移，向上压缩弹簧 2、3，并在复位弹簧 9 的作用下使阀杆上移，阀口开度减小，节流作用增强，又使得输出压力 p_2 降低，直到达到新的平衡为止。重新平衡后，输出压力 p_2 又基本上恢复至原值。反之，输出压力 p_1 瞬时下降，膜片下移，进气口开度增大，节流作用减小，输出压力 p_2 又基本上回升至原值。

旋转调节手柄 1 使调压弹簧 2、3 恢复自由状态，输出压力降至零，进气阀芯 8 在复位弹簧 9 的作用下关闭进气阀口，这样，减压阀便处于截止状态，无气流输出。

2. 顺序阀

顺序阀是依靠气路中压力的变化来控制执行元件按顺序动作的压力控制元件。顺序阀常与单向阀并联使用，构成单向顺序阀，如图 5-14 所示。压缩空气由左端进入阀腔后，作用于活塞 3 下部，当压缩空气的压力超过上部弹簧 2 的调定值时，将活塞 3 顶起，压缩空气从入口经阀腔从 A 口输出，如图 5-14a 所示，此时单向阀 4 在压差力及弹簧力的作用下处于关闭状态。气流反向流动时，压缩空气的压力将顶开单

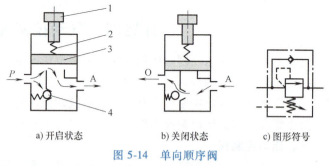

a) 开启状态   b) 关闭状态   c) 图形符号

图 5-14　单向顺序阀

1—旋钮　2—弹簧　3—活塞　4—单向阀

向阀 4，由 O 口排气，如图 5-14b 所示。调节旋钮 1 即可改变顺序阀的开启压力。

3. 溢流阀

溢流阀的主要作用是限制回路中最高压力，以防止管路、气罐等被破坏，从而保护系统安全工作。

图 5-15 所示为溢流阀的工作原理，当系统中的气体压力在调定范围内时，作用在阀芯 4 上的压力小于调压弹簧 2 的调定压力，阀芯处于关闭状态，如图 5-15a 所示。当系统压力升高，作用在阀芯 4 上的压力大于调压弹簧 2 的调定压力时，阀芯 4 上移，阀门开启排气，如图 5-15b 所示，直到系统压力降到调定压力范围以内时，阀芯 4 又重新关闭。溢流阀的调定压力可以通过调压旋钮 1 调整弹簧 2 的预压缩量来调节。

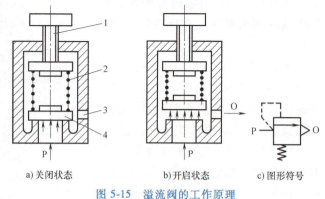

a) 关闭状态   b) 开启状态   c) 图形符号

图 5-15　溢流阀的工作原理

1—调压旋钮　2—调压弹簧　3—排气口　4—阀芯

二、流量控制阀

在气压传动系统中，经常要求控制气动执行元件的运动速度，这需要通过调节压缩空气的流量来实现。用来控制气体流量的阀称为流量控制阀。流量控制阀就是通过改变阀的通流面积来实现流量控制的元件，包括

节流阀、单向节流阀、排气节流阀等。由于节流阀和单向节流阀的工作原理及图形符号与同类液压阀相似，故此处不再重复。下面仅介绍排气节流阀。

排气节流阀的节流原理与节流阀一样，所不同的是，节流阀通常安装在气路系统中间，用于调节气体的流量；而排气节流阀只能安装在气动元件的排气口处，调节排入空气中的气体流量，它不仅调节执行机构的运动速度，而且通常带有消声器，能够降低排气噪声。图 5-16 所示为排气节流阀，气

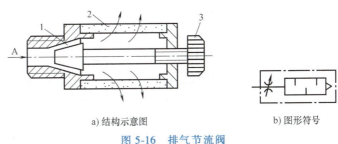

a) 结构示意图　　　　　　　　b) 图形符号

图 5-16　排气节流阀

1—节流口　2—消声套　3—螺杆旋钮

体从 A 口进入，经节流口 1 节流后从消声套 2 排出。节流口的开度由螺杆旋钮 3 调节。

流量控制阀控制气动系统中执行机构的运动速度，其精度远低于液压控制。在很多场合，为了提高运动平稳性，常采用气-液联动控制。

三、方向控制阀

气动方向控制阀是通过改变气体的流动方向和气流的通断，来控制执行元件起动、停止及运动方向的气动元件。与液压方向控制阀类似，气动方向控制阀种类繁多。按作用特点不同，可分为单向型和换向型；按控制方式不同，又可分为气动换向阀、电磁换向阀、机动换向阀和手动换向阀等，其中后三类换向阀的工作原理和结构与同类液压换向阀基本相同。

1. 单向型方向控制阀

单向型方向控制阀主要包括单向阀、梭阀和快速排气阀。单向阀的结构原理和图形符号与液压阀中的单向阀基本相同，这里不再重复。下面主要介绍其他两种阀。

（1）梭阀　梭阀可以看作是由两个单向阀组合而成的，其作用相当于"或"逻辑功能，能使压力高的入口自动与出口接通，多用于手动与自动控制的并联回路中。图 5-17 所示为梭阀的工作原理，P_1、P_2 是输入口，A 是输出口。如图 5-17a 所示，当 P_1 口进气而 P_2 通大气时，将阀芯推至右边，P_2 口关闭，P_1 口与 A 口相通，于是气流从 P_1 口进入通路 A。反之，如图 5-17b 所示，当 P_2 口进气而 P_1 口通大气时，阀芯被推至左边，封住 P_1 口，P_2 口与 A 口相通，于是气流从 P_2 口进入通路 A。若 P_1 口、P_2 口同时进气，则压力高的一侧与 A 口接通。

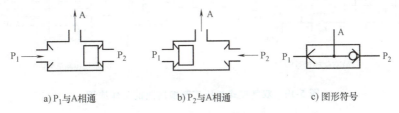

a) P_1 与 A 相通　　　　b) P_2 与 A 相通　　　　c) 图形符号

图 5-17　梭阀的工作原理

（2）快速排气阀　快速排气阀（简称快排阀）是通过快速排气使气缸运动速度加快的，其工作原理如图 5-18 所示。如图 5-18a 所示，当压缩空气由 P 口进入时，将密封活塞迅速向

上推，阀口 2 打开，阀口 1 关闭，使 P 口与 A 口相通。如图 5-18b 所示，当 P 口没有压缩空气进入时，压缩空气由 A 口进入，活塞在压力差的作用下迅速下移，关闭阀口 2，使 A 腔通过阀口 1 快速排气。快速排气阀通常安装在换向阀和气缸之间，它使气缸的排气不用通过换向阀而快速排出，从而加快了气缸的往复运动速度，缩短了工作周期。

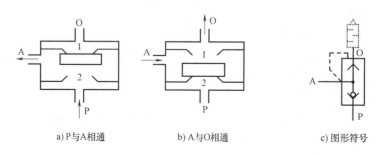

a) P与A相通　　　　　　b) A与O相通　　　　　　c) 图形符号

图 5-18　快速排气阀的工作原理

2. 换向型方向控制阀

换向型方向控制阀（简称换向阀）的作用是通过改变气流通道使气体流动方向发生变化，从而改变气动执行元件的运动方向。常用的换向型方向控制阀有气压控制换向阀、电磁控制换向阀、时间控制换向阀、机械控制换向阀和人力控制换向阀等。

（1）气压控制换向阀　气压控制换向阀（简称气控换向阀）是利用气体压力使主阀芯运动，从而改变气流方向或通断的。常用的控制方式有加压控制和差压控制。气控阀的用途非常广泛，在易燃、易爆、潮湿、粉尘多的工作环境下，均能安全可靠地工作。

1）加压控制换向阀。加压控制换向阀在工作过程中，所加控制信号的气压是逐渐上升的，当压力上升到某一值时，使主阀切换。这种控制方式是气动系统中最常用的控制方式之一，有单气控式和双气控式之分。图 5-19 所示为一种双气控式加压控制换向阀的工作原理，换向阀两边都可作用压缩空气，但一次只能作用于一边。如图 5-19a 所示，当有气控信号 K_2 时，阀芯停在左边，其通路状态是 P 与 A 相通、B 与 O_2 接通。如图 5-19b 所示，当有气控信号 K_1 时（信号 K_2 已消失），阀芯换位到右边，其通路状态变为 P 与 B 相通、A 与 O_1 接通。该阀具有记忆功能，即当气控信号消失后，阀仍能保持在有该信号时的状态。如果该阀的一端靠弹簧力复位，则为单气控式加压控制换向阀。

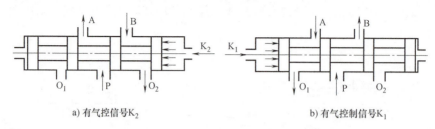

a) 有气控信号K_2　　　　　　　　　　　　b) 有气控制信号K_1

图 5-19　双气控式加压控制换向阀的工作原理

2）差压控制换向阀。差压控制换向阀是利用控制气压作用在阀芯两端不同面积上所产生的压力差来使阀换向的一种气控阀。如图 5-20 所示，阀的复位腔始终与进气口 P 相通，在没有控制信号 K 的情况下，作用在复位活塞 13 上的气体压力使阀芯 9 左移，通路状态是

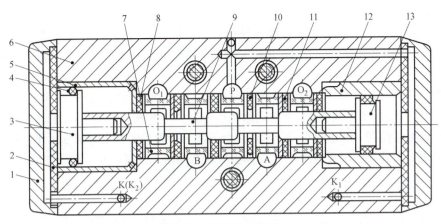

图 5-20　差压控制换向阀

1—端盖　2—缓冲垫　3—控制活塞　4—Y 形密封圈　5—衬套　6—阀体　7—隔套
8—垫圈　9—阀芯　10—组合密封圈　11—E 形密封圈　12—复位衬套　13—复位活塞

P 与 A 相通、B 与 O_2 相通。当有控制信号 K 时，由于控制活塞 3 的面积大于复位活塞 13 的面积，阀芯 9 在两端气体压力差的作用下右移，通路状态变为 P 与 B 相通、A 与 O_1 相通。一旦控制信号消失，阀芯 9 将在复位腔内气体压力的作用下复位。

（2）电磁控制换向阀　电磁控制换向阀是利用电磁力使阀芯运动而改变气体流向的，它由电磁铁控制部分和主阀两部分组成，按控制方式不同分为直动式电磁控制换向阀和先导式电磁控制换向阀。

1）直动式电磁控制换向阀。直动式电磁控制换向阀是利用电磁力直接推动阀芯移动的。直动式电磁控制换向阀又分为单电控电磁控制换向阀和双电控电磁控制换向阀。图 5-21 所示为直动式单电控电磁控制换向阀的工作原理。电磁铁通电时，阀芯在电磁力的作用下下移，通路状态是 P 与 A 相通、A 与 O 断开；电磁铁断电时，阀芯在弹簧力的作用下回到上方，通路状态是 A 与 O 相通、P 与 A 断开。该阀由电磁铁实现阀芯移动，而阀芯复位则靠弹簧力，因此换向时冲击较大，故一般只制成小型阀。若阀芯的两端都有电磁铁操纵阀芯移动，则为双电控电磁控制换向阀。

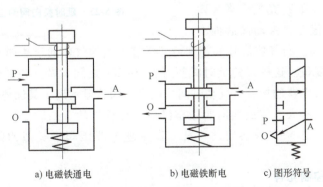

a) 电磁铁通电　　　　b) 电磁铁断电　　　　c) 图形符号

图 5-21　直动式单电控电磁控制换向阀的工作原理

2）先导式电磁控制换向阀（电-气换向阀）。先导式电磁控制换向阀由直动式电磁换向阀和气压控制换向阀两部分组成，它是由电磁阀首先控制气路，从主阀气源节流出来一部分气体，产生先导压力，再由先导压力推动主阀阀芯换向。图 5-22 所示为先导式双电磁铁换向阀的工作原理，其主阀为二位五通气控阀，主阀两端的先导阀为单电磁铁换向阀。如图 5-22a 所示，当电磁先导阀 1 通电、电磁先导阀 2 断电时，阀 1 使控制气流进入主阀 3 左端的 K_1 腔，K_2 腔排气，阀芯移到右边，此时通路状态为 P 与 A 相通、B 与 O_2 相通；如图 5-22b 所示，当电磁先导阀 2 通电、电磁先导阀 1 断电时，阀 2 使控制气流进入主阀阀芯右端的 K_2 腔，K_1 腔排气，阀芯移动到左边，此时通路状态变为 P 与 B 相通、A 与 O_1 相通。该阀具有记忆功能，即通电时换向，断电时保持原状态。但要注意，为了保证主阀正常工作，两个电磁阀不能同时通电。先导式电磁换向阀便于实现电-气联合控制，所以得到了广泛应用。

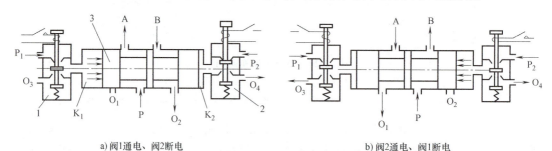

a)阀1通电、阀2断电   b)阀2通电、阀1断电

图 5-22　先导式双电磁铁换向阀的工作原理

1、2—电磁先导阀　3—主阀

（3）时间控制换向阀　时间控制换向阀是使气流通过气阻（如小孔、缝隙等）节流后到气容（储气空间）中，经过一定时间的延时，在气容内建立起一定的压力后，再使阀芯动作的换向阀。图 5-23 所示为一种延时换向阀的工作原理，它由延时部分和换向部分组成，换向部分实际上是一个二位三通差压控制换向阀。当无控制信号 K 时，主阀阀芯在复位弹簧的作用下处于左位，此时 P 与 A 断开；当有气控信号 K 时，气流从 K 口经可调节流阀流到气容 a 内，使气容 a 不断充气，当 a 内的压力上升到某一值时，推动阀芯向右

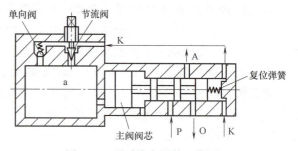

图 5-23　延时换向阀的工作原理

移动，使 P 与 A 相通。当气控信号 K 消失后，气容 a 内的气体通过单向阀经 K 口排尽，阀芯在弹簧的作用下复位。这种阀的延时时间可在 0~20s 之间调整。在易燃、易爆和粉尘多等不允许使用时间继电器的场合，气动时间控制换向阀就显示出了其优势。

机械控制换向阀和人力控制换向阀是靠机动（行程挡块、凸轮等）和人力（手动、脚踏）使阀产生切换动作来实现换向的，其工作原理与液压阀中类似的阀相同，此处不再重复。

四、其他气动控制元件

随着气动技术的智能化，气动数字控制元件、气动阀岛、智能气动阀门定位器、智能气动集成装置等智能气动元件不断投入使用。

（1）气动逻辑元件（逻辑阀）　气动逻辑阀是在控制回路中，利用元

气压手动换向阀

件的可动部件在气控信号作用下产生动作，改变气流方向，从而实现一定逻辑功能的元件。气动逻辑元件主要由开关部分和控制部分组成，按逻辑功能分为或门、与门、非门和双稳元件等。各种不同的气动逻辑元件按照一定的逻辑方式组合起来，就能得到具有各种动作功能的气动逻辑回路。

（2）电-气比例控制阀　随着计算机技术在气动系统中的应用，对气动技术水平的要求也越来越高，由于传统的气动控制元件不能随系统运行情况自动改变相关参数，因此电-气比例控制阀等元件应运而生。电-气比例控制阀是输出量随着输入量的变化而按一定比例变化，对气动系统的方向、压力和流量进行实时控制的气动控制阀，由转换元件（电-机械转换器）和放大元件（气动放大器）组成，具有能实现速度或压力的无级调节、计算机程序控制和远程控制等特点。

（3）气动阀岛　气动阀岛最先是由德国费斯托（FESTO）公司发明并应用的。一台机器上往往需要使用大量的电磁阀，如果每个电磁阀都单独连接电缆线，那么布线将会很麻烦，此时阀岛就应运而生。阀岛是由多个控制阀构成并集成了信号输入、输出与控制功能的整套系统控制单元，像一个控制岛屿。阀岛是新一代的气电一体化控制元件，主要类型有带现场总线的阀岛、可编程序阀岛、模块式阀岛和紧凑型阀岛等。

单元六　气动回路

内容构架

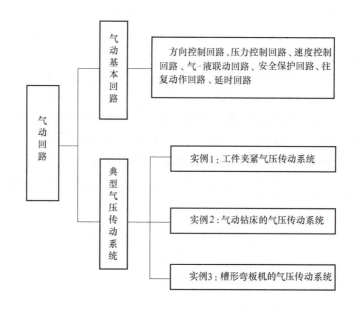

气动回路
├─ 气动基本回路 —— 方向控制回路、压力控制回路、速度控制回路、气-液联动回路、安全保护回路、往复动作回路、延时回路
└─ 典型气压传动系统
　　├─ 实例1：工件夹紧气压传动系统
　　├─ 实例2：气动钻床的气压传动系统
　　└─ 实例3：槽形弯板机的气压传动系统

学习引导

与液压系统一样，气动系统也是由一些基本回路组成的。但是，由于液压系统和气动系统使用的工作介质性质不同，因此气动回路又有其自己的特点。例如，在气动回路图中，空气压缩机通常被省略，一般不设排气管道，气动元件的安装位置对其功能影响较大，一般需设供油装置等。因此，不能把液压回路的知识生搬硬套到气动回路中来，但又要参考液压回路中与气动回路的相似之处，以便进行借鉴学习。

气动基本回路是气动回路的基本组成部分。一个复杂的气动系统，是由若干个气动基本回路组合而成的。熟悉气动基本回路，是合理设计、分析复杂气动系统的基础。本单元主要包括气动基本回路和典型气压传动系统两部分内容，首先介绍常见气动基本回路的作用、组成、工作原理和应用特点，接着介绍三个典型的用来实现生产自动化及半自动化的气动系统实例。

【目标与要求】

➢ 1. 能叙述常用气动基本回路的结构组成与工作原理。

➢ 2. 能举例说明常用气动基本回路及其应用特点。

➢ 3. 能读懂气压传动系统原理图。

➢ 4. 能根据气压传动系统原理图，分析简单气压传动系统的工作过程。

【重点与难点】

重点:

- 1. 气动基本回路的结构组成、分类及功能。
- 2. 分析简单气压传动系统,明确系统组成及其功能。

难点:

- 识读综合性气压传动系统原理图,分析其控制元件和执行元件的动作过程。

课题一　气动基本回路

气动基本回路分为方向控制回路、压力控制回路、速度控制回路和安全保护回路等类型。

一、方向控制回路

方向控制回路又称换向回路,是利用方向控制阀使执行元件(气缸或气动马达)改变运动方向的控制回路。

1. 单作用气缸的换向回路

图 6-1 所示为单作用气缸的换向回路。图 6-1a 所示为由二位三通电磁阀控制的换向回路,当电磁铁通电时,气压使气缸活塞杆向左伸出;电磁铁断电时,活塞在弹簧力的作用下返回。图 6-1b 所示为由三位四通电磁阀控制的换向回路,该回路能使气缸活塞停止在任意位置,但定位精度不高,定位时间也不长。

2. 双作用气缸的换向回路

图 6-2 所示为双作用气缸的换向回路。图 6-2a 所示为用小通径的手动阀控制二位五通主阀,从而控制气缸换向的回路。

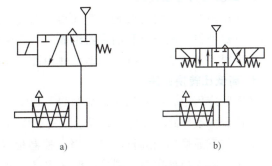

a)　　　　　　　　b)

图 6-1　单作用气缸的换向回路

图 6-2b 所示为用三位四通电磁换向阀控制双作用气缸换向的回路,该回路能使气缸活塞在中间任意位置停留,可用于定位要求不严格的场合。图 6-2c 所示为用两个小通径的手动阀与二位四通主阀操纵气缸换向的回路。

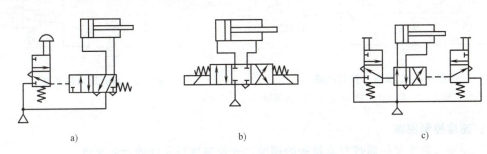

a)　　　　　　　　　　b)　　　　　　　　　　c)

图 6-2　双作用气缸的换向回路

二、压力控制回路

压力控制回路是使系统中的压力保持在一定范围内,或使系统得到高、低不同压力的基本回路，以保证气动系统能够安全、正常地工作。常用的压力控制回路有一次压力控制回路、二次压力控制回路和高低压转换回路。

1. 一次压力控制回路

一次压力控制回路主要用于控制气罐内的压力，使其稳定在规定的压力范围内。图 6-3所示为一次压力控制回路，该回路采用溢流阀 3 进行控制，当气罐 5 内的压力超过规定压力值时，溢流阀 3 接通，空气压缩机 1 输出的压缩空气迅速溢流降压。当在气罐 5 上安装带电接点的压力计进行控制时，一旦气罐内的压力超过规定压力，将控制空气压缩机 1 断电，不再供气，使气罐内的压力保持在一定范围内，从而保证系统的安全。

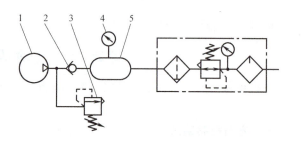

图 6-3 一次压力控制回路

1—空气压缩机 2—单向阀 3—溢流阀 4—压力表 5—气罐

气罐内的压力又称为气源压力。气源经空气过滤器和减压阀后供用户使用。

2. 二次压力控制回路

二次压力控制回路主要是指对气动装置气源进口处的压力进行控制的回路。图 6-4 所示为由空气过滤器、减压阀和油雾器组成的二次压力控制回路。调节减压阀即可得到所需的工作压力。对不需要油雾润滑的气动元件和设备（如逻辑元件），不要加入润滑油。

3. 高低压转换回路

在实际应用中，有些气动系统在同一管路上有时需要高压，有时需要低压，此时就需要使用高低压转换回路，如图 6-5 所示。气源压力由两个减压阀分别调节成高压和低压，再通过一个二位三通换向阀进行转换，当有控制信号 K 时，输出高压；当无控制信号 K 时，则输出低压。若去掉换向阀，则可同时输出高、低压两种压缩空气。

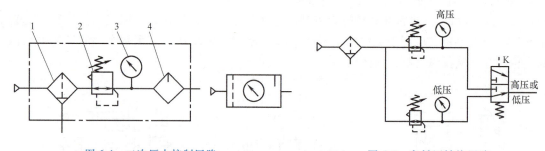

图 6-4 二次压力控制回路   图 6-5 高低压转换回路

1—空气过滤器 2—减压阀 3—压力表 4—油雾器

三、速度控制回路

速度控制回路主要是通过对流量阀的调节，来控制执行元件的运动速度。

1. 单作用气缸的速度控制回路

图 6-6a 所示为采用两个单向节流阀相串联来控制气缸活塞往复运动速度的回路。图 6-6b 所示为由节流阀和快速排气阀组成的慢进快退调速回路。当有控制信号 K 时，换向

阀换向，气流经节流阀、快速排气阀进入气缸无杆腔，使活塞杆慢速伸出，伸出速度取决于节流阀的开口量；当无控制信号 K 时，换向阀复位，无杆腔余气经快速排气阀排入空气中，活塞在弹簧力的作用下快速退回。

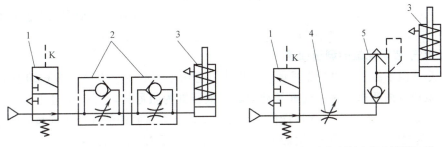

a) 两单向节流阀串联的控制回路　　　　b) 由节流阀和快速排气阀组成的调速回路

图 6-6　单作用气缸的速度控制回路

1—换向阀　2—单向节流阀　3—气缸　4—可调节流阀　5—快速排气阀

2. 双作用气缸的速度控制回路

图 6-7a 所示为采用单向节流阀的节流调速回路。图 6-7b 所示为在换向阀的排气口上安装排气节流阀的调速回路。这两种回路都能实现气缸前进、后退双向运动速度的调节。

3. 缓冲回路

在气缸有效行程较长、速度较快、惯性大的情况下，为避免活塞运动到终点时撞击气缸盖，往往需要采用缓冲回路来消除冲击力。缓冲回路其实是一种减速回路。

图 6-8 所示为一种常用的采用行程阀的缓冲回路。当活塞向右运动至接近端部时，活塞杆上的挡块 2 就会压下行程阀 3，切断有杆腔原快速排气通道，迫使其只能经由单向节流阀 4 排出，使活塞的速度减慢，从而达到缓冲的目的。

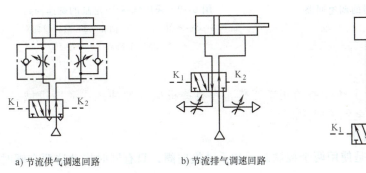

a) 节流供气调速回路　　　b) 节流排气调速回路

图 6-7　双作用气缸的速度控制回路

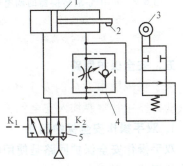

图 6-8　缓冲回路

1—气缸　2—挡块　3—行程阀

4—单向节流阀　5—换向阀

四、气-液联动回路

在气动回路中，采用气-液转换器或气-液阻尼缸后，就相当于把气压传动转换为液压传动，具有运动平稳、停止准确、泄漏途径少、制造维修方便以及能耗低等特点。

1. 采用气-液转换器的调速回路

图 6-9 所示为采用气-液转换器的调速回路。气源 1 经换向阀 2 输出压缩空气，通过气-液转换器 3、7 将气压变成液压，推动液压缸 5 的活塞产生平稳、易控制的运动。调节单向节流阀 4、6 的开度，就可以控制活塞的运动速度。由于液体可视为不可压缩的，因此容易控制调节速度，调节精度高，活塞运动平稳，这种回路充分发挥了气动供气方便和液压速度容易控制的特点。但应注意气-液间的密封，以避免气体混入液压油中。

2. 采用气-液阻尼缸的调速回路

采用气-液阻尼缸时，可根据具体使用要求，选用不同的调速方法。图 6-10 所示为一种采用气-液阻尼缸的调速回路。气缸是动力缸，液压缸为阻尼缸。当换向阀处于左位时，气缸无杆腔进气，有杆腔排气，活塞杆伸出。此时，液压缸右腔的油液经节流阀流到左腔，其活塞的运动速度取决于节流阀开度的大小。当换向阀处于右位时，活塞杆缩回。油杯 2 仅为补充漏油所设。同样，这种回路可以获得比较平稳的运动速度。

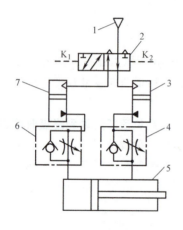

图 6-9 采用气-液转换器的调速回路

1—气源 2—换向阀 3、7—气-液
转换器 4、6—单向节流阀 5—液压缸

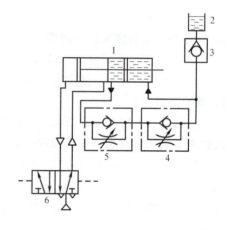

图 6-10 采用气-液阻尼缸的调速回路

1—气-液阻尼缸 2—油杯 3—液控单向阀
4、5—单向节流阀 6—换向阀

五、安全保护回路

为了保障操作人员的安全和设备的正常工作，在有些机械（如冲压、锻压机械设备）的气动回路中常常要加入安全保护回路。

1. 双手操作安全保护回路

双手操作安全保护回路是使用两个控制起动的手动换向阀，只有同时按动这两个阀时才动作的回路。图 6-11a 所示为一种双手操作安全回路，只有当操作者把手动换向阀 1 和 2 同时按下时，才能使主控阀 3 切换到上位，气缸 4 活塞下行，对工件 5 进行冲压等操作。若该回路中的一个手动控制阀因弹簧失灵而不复位，则只要按下另一个手动控制阀，气缸活塞便能下行，故该回路的安全性稍差。

为确保操作者的安全，可选用图 6-11b 所示的改进后的双手操作安全回路。在两个手动换向阀 1、2 未按下时，气源向气罐 6 充气。当操作者按下手动换向阀 1 和 2 时，气罐 6 内的压缩空气经阀 2 及节流阀 7 节流并延迟一定时间后切换主控阀 3，气源输出的压缩空气进入气缸无杆腔，使活塞杆伸出，对工件 5 进行操作。若两手不能同时按下两个手动控制阀或其中任意一个手动控制阀不能复位，则气罐 6 经阀 2 与阀 1 与排气口相通，产生不了压差，因此阀 3 不能换向，从而不会产生误动作。在该回路中，两个手动控制阀必须安装在单手不能同时操作的距离上。

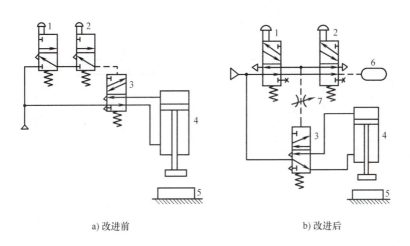

a) 改进前   b) 改进后

图 6-11 双手操作安全保护回路

1、2—手动换向阀 3—主控阀 4—气缸 5—工件 6—气罐 7—节流阀

实践与思考：常用的气动系统是如何确保人身安全的？除了上述安全保护回路，还有哪些主动安全措施？你还能提出哪些安全方面的建议或办法？

2. 过载保护回路

图 6-12 所示为一种在活塞杆伸出途中出现故障造成气缸过载时能自动返回的回路。当换向阀 4 切换至左位时，气缸 1 的无杆腔进气、有杆腔排气，推动活塞杆伸出。当活塞杆伸出途中过载（如遇到挡块或运动到极限位置）时，无杆腔压力快速升高，当压力达到顺序阀 2 的开启压力时，顺序阀 2 开启，气流经或门梭阀 3 使换向阀 4 切换到右位，活塞杆退回。

六、往复动作回路

气动系统中采用往复动作回路可提高自动化程度。常用的往复动作回路有单往复动作回路和连续往复动作回路两种。

1. 单往复动作回路

图 6-13 所示为行程阀控制的单往复动作回路，按下手动换向阀 1 后，压缩空气使换向阀 4 切换至左位，活塞杆伸出，当挡块碰到行程阀 3 时，换向阀 4 又被切换到右位，活塞返回。每按下一次按钮，气缸就完成一次往复动作。

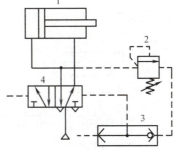

图 6-12 过载保护回路

1—气缸 2—顺序阀
3—或门梭阀 4—换向阀

2. 连续往复动作回路

图 6-14 所示为单气缸连续往复动作回路。按下手动换向阀 5 的按钮后，换向阀 1 换到

左位，活塞杆伸出，这时行程阀 3 复位将气路封闭，使换向阀 1 不能复位。当活塞杆上的撞块压下行程阀 4 时，换向阀 1 控制气路排气并在弹簧力的作用下复位，压缩空气进入气缸有杆腔，活塞杆缩回。由于手动换向阀 5 仍处在压下位置，当活塞杆缩回起点处再次压下行程阀 3 时，换向阀 1 又被切换到左位，活塞再次伸出向前运动。如此重复上述循环形成连续往复动作，直到拉起手动换向阀 5，换向阀 1 复位，活塞杆缩回并停止运动。

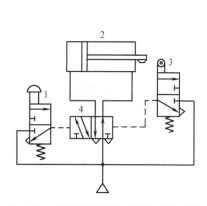

图 6-13 行程阀控制的单往复动作回路
1—手动换向阀 2—气缸 3—行程阀 4—换向阀

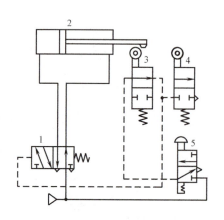

图 6-14 单气缸连续往复动作回路
1—换向阀 2—气缸 3、4—行程阀 5—手动换向阀

七、延时回路

图 6-15 所示为两种不同的延时回路。图 6-15a 所示为延时断开回路，按下手动阀后，其输出分为两路：一路至换向阀的左侧使该阀切换至左位，活塞杆伸出；另一路经单向节流阀向气罐充气，经过一段时间后，当气罐中的压力升高至一定值时，差压控制换向阀切换至右位，活塞杆返回。图 6-15b 所示为延时接通回路，按下手动阀后，需要经过一定时间，待气罐中的压力升高到一定值时，阀 B 才能换向，使气路接通压缩空气；提起手动阀后，阀 B 复位，气路排气。以上回路的延时时间由节流阀调节。

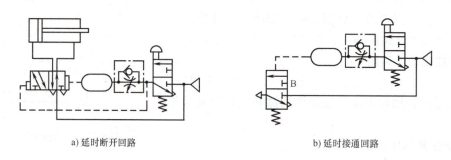

a) 延时断开回路　　　　　　　　　　　　　b) 延时接通回路

图 6-15 延时回路

课题二 典型气压传动系统

气动控制是实现生产机械化、自动化的重要技术，其应用十分广泛。熟悉生产现场气动设备和气动流水线，是使用和维护气动系统的前提。本课题通过分析三个典型气压传动系

统，来进一步加深对气动元件和气动基本回路的认识，为气压系统的使用和维护打下基础。

一、工件夹紧气压传动系统

图 6-16 所示为机械加工自动生产线和组合机床中常用的工件夹紧气压传动系统。

（1）气动系统原理图的识读　首先，正确认识图中气动元件的图形符号，弄清楚其名称及基本用途；其次，找出图中的基本回路及其作用；再次，分析气动元件的动作顺序，找出主控阀等控制元件，了解其切换原理；最后，总结气动系统工作循环的过程和原理。注意：一般系统原理图只描述气动系统的核心部分，没有画出气源装置及辅助元件等；气动回路一般不设排气管道，而液压系统则必须将油液排回油箱。

（2）系统功能　当工件进入指定位置后，气缸 A 的活塞杆伸出，将工件定位锁紧，然后两侧气缸 B 和 C 的活塞杆同时伸出，从两个侧面水平夹紧工件，接着进行机械加工，加工完成后各缸退回，将工件松开。

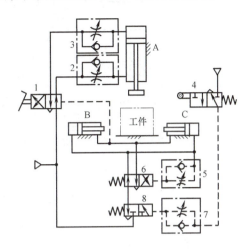

图 6-16　工件夹紧气压传动系统
1—脚踏换向阀　2、3、5、7—单向节流阀
4—行程阀　6、8—换向阀

（3）动作循环　气缸 A 活塞杆压下（定位锁紧)→夹紧气缸 B、C 活塞杆伸出夹紧（同时机床对工件进行加工）→（工件加工完毕）夹紧气缸 B、C 活塞杆返回→气缸 A 活塞杆返回。

（4）动作过程　当用脚踩下脚踏换向阀 1（在实际的自动化生产线中，往往采用其他形式的换向方式）后，压缩空气经单向节流阀 3 进入气缸 A 无杆腔，压头下降至工件定位位置并锁紧工件，压头在锁紧位置使行程阀 4 换向，压缩空气经单向节流阀 7 进入换向阀 8 的右端，使阀 8 换向（调节节流阀，可延迟阀 8 的换向时间），压缩空气经阀 8、阀 6 进入气缸 B 和 C 无杆腔，使两缸活塞杆同时伸出，从两侧夹紧工件。与此同时，有一部分压缩空气经单向节流阀 5 进入阀 6 的右端，经过一段时间的延时（工件加工完毕）后，阀 6 换向，压缩空气进入 B、C 两气缸有杆腔，推动其活塞杆返回。在 B、C 两气缸返回的同时，一部分压缩空气进入阀 1 的右端，使阀 1 复位，气缸 A 活塞杆返回。在压头返回的同时，行程阀 4 被放松而复位，阀 8 右端与大气相通也随之复位，气缸 B 和 C 无杆腔分别通过阀 6、阀 8 与大气相通，阀 6 自动复位，这样便完成一个动作循环。当再次踩下脚踏换向阀 1 时，就又开始下一个动作循环。

二、气动钻床的气压传动系统

图 6-17 所示为气动钻床的气压传动系统。气动钻床是一种利用气动钻头完成主运动（主轴旋转）、由气动滑台实现进给运动的自动钻床。还可根据需要在机床上安装由摆动式气缸驱动的回转工作台，这样在一个工位进行加工时，另一个工位可同时装卸工件，从而提高了生产率。

（1）系统功能　该气压传动系统利用气压传动来实现进给运动和送料、夹紧等辅助动作。它共有三个气缸，即送料缸 A、夹紧缸 B 和钻削缸 C。

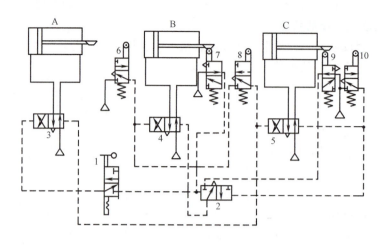

图 6-17　气动钻床的气压传动系统

1—手动换向阀　2~5—换向阀　6~10—行程阀

（2）动作循环　起动→送料→夹紧工件→送料夹头后退并钻孔→钻头退回→松开工件。

（3）动作过程　按下手动换向阀 1 起动按钮，气流经行程阀 7 进入阀 2 的左端，使阀 2 处于左位；同时经过手动换向阀 1 进入阀 3 左端，使阀 3 切换至左位，气缸 A 活塞杆向右运动，实现送料动作。当送料完成后，气缸 A 的挡块压下行程阀 6，这时阀 4 左端进气，右端经阀 2 排气，使阀 4 切换至左位，气缸 B 活塞杆向右运动，开始夹紧工件。此时阀 7 被放松，阀 3 左右两端皆与大气相通，因阀 3 具有记忆功能，其工作位置不变。当工件被夹紧后，气缸 B 的挡块压下行程阀 8，气流经阀 6、8 后分别进入阀 3 的右端和阀 5 的左端，阀 3 的左端和阀 5 的右端与大气相通，使阀 3 切换到右位、阀 5 切换到左位，气缸 A 活塞杆向左运动（后退），气缸 C 活塞杆向右运动（钻孔），实现送料夹头后退和钻孔同时进行。气缸 A 退回后，阀 6 被放松回到下位，使阀 4 左位与大气相通，但由于该阀具有记忆功能，仍处于左位，因此工件仍然被夹紧。钻孔开始后，阀 9 被放松，钻孔动作完成后，气缸 C 挡块压下行程阀 10，使阀 10 切换到上位，气流经阀 10 进入阀 2 和阀 5 的右端，此时阀 2 左端经阀 7 与大气相通、阀 5 左端经阀 8 和阀 6 与大气相通，使阀 2 和阀 5 切换到右位，气缸 C 活塞杆向左运动，使钻头退回。当钻头退回到原位时，气缸 C 挡块又将阀 9 压下，使阀 9 回到上位，气流经阀 9 的上位、阀 2 的右位进入阀 4 的右端，阀 4 的左端经阀 6 与大气相通，使阀 4 切换到右位，气缸 B 活塞杆退回，松开工件。这样就完成了整个工作循环。

三、槽形弯板机的气压传动系统

槽形弯板机是利用模型将薄板弯曲成形的设备。利用槽形弯板机加工成形后的槽形弯板，常用作产品的外壳或安装支架。图 6-18 所示为槽形弯板机的气压传动系统。

（1）系统功能　如图 6-18a 所示，将薄板放在模型上，由气缸 A 压紧，气缸 B、C 的活塞杆下降，在 a 与 a′处先进行折角加工，再在 b 与 b′处由气缸 D、E 在水平方向进行弯曲。

（2）动作循环　起动→压住钢板→折角加工→第二个弯曲加工→加工完成后气缸活塞杆退回。

（3）动作过程　如图 6-18b 所示，按下起动阀 1，压缩空气进入阀 2 的左端，其右端通过阀 1 与大气相通，使阀 2 切换到左位，气缸 A 活塞杆下行，压头压住钢板。由于阀 1 的换

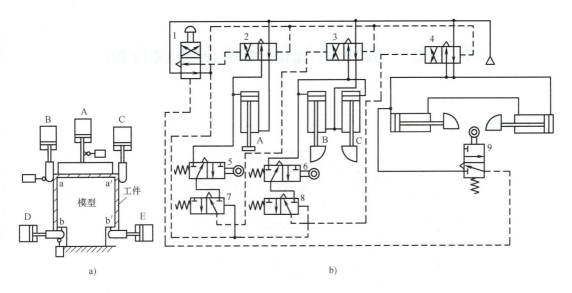

图 6-18　槽形弯板机的气压传动系统

1—起动阀　2~4—换向阀　5~9—行程阀

向，阀 7、8 右端经阀 1 与大气相通，两阀在弹簧力的作用下切换到左位。由于气缸 A 活塞杆下行，其挡块将行程阀 5 压下，阀 5 切换到右位，这时压缩空气经阀 2、5、7 进入阀 3 的左端，其右端经阀 7 排入大气，使阀 3 切换到左位，气缸 B、C 活塞杆下行，进行 a 与 a′处的折角加工。加工完成后，气缸 B 的挡块将行程阀 6 压下，阀 6 切换到右位，这时压缩空气经阀 3、6、8 进入阀 4 的左端，其右端经阀 1 排入大气，阀 4 切换到左位，气缸 D 活塞杆向右运动，气缸 E 活塞杆向左运动，在 b 与 b′处进行第二个弯曲加工。加工完成后，缸 E 的挡块将行程阀 9 压下，使阀 9 切换到上位，压缩空气经阀 4、9 进入阀 1 的下端，阀 1 回到原始状态，阀 2 复位，气缸 A 活塞杆退回；气流经阀 1 进入阀 3、4、7、8 的右端，阀 7、8 回到原位，阀 3、4 左端与大气相通，阀 3、4 复位。气缸 B、C、D、E 活塞杆退回，各行程阀 5、6、9 被放开复位。这样就完成了一个循环，回到图 6-18b 所示状态。

实践与思考： 在教师指导下，组装简单的气压传动系统。先拟定要实现哪些功能，再绘制气动系统原理图，然后进行元件组装，并观察是否能实现预定的动作。

单元七　液压系统的故障诊断及排除

内容构架

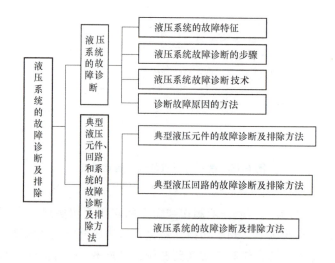

学习引导

使用液压设备时，液压系统可能出现各种各样的故障，这些故障有的是由某一液压元件失灵引起的，有的是由系统中多个液压元件的综合性因素造成的。即使是同一个故障现象，产生故障的原因也可能不一样，尤其是现在的液压设备都是由机械、液压、电气甚至计算机等装置有机地组合而成的，产生的故障更是多种多样。出现故障之后，必须对液压系统进行故障诊断，以确定液压设备发生故障的部位和性质及产生故障的原因，并采取相应的措施，确保设备的正常运转。本单元首先介绍液压系统常见的故障特征、故障诊断的步骤与技术、诊断故障原因的方法，然后针对典型液压元件、液压回路和液压系统，分别介绍其常见故障诊断及排除方法。

【目标与要求】
➢ 1. 能叙述液压系统的故障特征。
➢ 2. 能说明液压系统故障诊断的步骤。
➢ 3. 能运用初步诊断、仪器检测、综合确诊等方法对液压系统故障进行诊断。
➢ 4. 能分析液压系统故障产生的原因，并能排除一些典型的故障。

【重点与难点】
重点：
● 1. 液压系统故障诊断技术。
● 2. 液压系统故障排除方法。
难点：
● 典型液压元件、回路及系统的故障诊断及排除方法。

课题一　液压系统的故障诊断

液压系统是由各种液压元件、辅助元件经管路、管接头、连接体等零件有机地连接而成的一个完整系统。在液压系统中，各种元件和油液大都位于封闭的壳体和管道内，不像机械传动那样可以直接地从外部观察，检测时又不如电气系统方便，出现故障时，往往难以寻找故障原因，排除故障也比较麻烦。但是，任何故障在演变为大故障之前都会伴随种种不正常的征兆，因此，只要用心观察，并采用状态监测等技术，就能做出准确的判断，确定故障排除方法。

一、液压系统的故障特征

液压系统在不同阶段，会出现不同的故障类别。液压系统各阶段可能出现的故障特征见表 7-1。

表 7-1　液压系统各阶段可能出现的故障特征

阶段	故障特征	主要故障
设备调试阶段	试制的液压设备在调试阶段的故障率最高，设计、制造、安装等质量问题交织在一起	①外泄漏严重，主要发生在接头和有关元件的端盖处 ②执行元件运动速度不稳定 ③液压阀阀芯卡死或运动不灵活，导致执行元件动作失灵 ④压力控制阀的阻尼孔堵塞，造成压力不稳定 ⑤阀类元件漏装弹簧、密封件，造成控制失灵 ⑥液压系统设计不完善，液压元件选择不当，造成系统发热、执行元件同步精度差等
运行初期阶段	容易出现接头松脱、密封不佳、污物堵塞等实效性故障	①管接头因振动而松脱 ②由于密封件质量差或装配不当而被损伤，造成泄漏 ③管道或液压元件流道内的型砂、毛刺、切屑等污物在油流的冲击下脱落，堵塞阻尼孔和过滤器，造成压力和速度不稳定 ④由于负荷大或外界散热条件差，油液温度过高，引起泄漏，导致压力和温度的变化
运行中期阶段	故障率最低，这是液压系统运行的最佳阶段	主要注意控制油液污染
运行后期阶段	液压元件因工作频率和负荷的差异，易损件开始出现正常的超差磨损	此阶段故障率较高，泄漏增加，效率下降。针对这一状况，要对液压元件进行全面检测，对已失效的液压元件应进行修理或更换
突发性故障	多发生在液压设备运行的初期和后期	故障的特征是突发性，故障发生的区域及产生原因较为明显，如密封件损坏、元件内弹簧突然折断等。它往往与液压设备安装不当、维护不良有关系。防止这类故障的主要措施是加强设备管理和日常保养

二、液压系统故障诊断的步骤

设计良好的液压系统与同等复杂程度的机械机构或电气机构相比，发生故障的概率较低，但寻找故障的部位更困难，其主要原因是：液压故障具有隐蔽性、难以判断性和可变性。然而，液压系统的故障往往是由系统中某个元件产生故障造成的，因此只需找出发生故障的元件，对其进行修理或更换，就能排除液压系统的故障。液压系统故障诊断的步骤如图 7-1 所示。

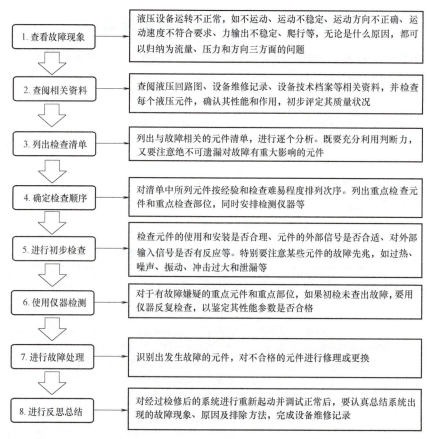

图 7-1　液压系统故障诊断的步骤

三、液压系统故障诊断技术

对液压系统进行故障诊断的程序与医生诊断病情是一样的。它是依靠技术人员个人的实践经验对液压系统出现的故障进行诊断，判断产生故障的部位和原因。如果初步诊断有困难，可利用仪器设备进行专项检测，根据检测结果再对故障原因进行综合分析与确认。因此，对液压设备的故障进行诊断时，通常采用初步诊断、仪器检测、综合确诊等方法。

1. 初步诊断

初步诊断是通过人的感觉和简单的仪器进行检测，判断产生故障的部位和原因，故称为感觉诊断法。该方法简便易行，主要有看、听、摸、闻、阅、问六种方法，如图 7-2 所示。

液压系统故障初步诊断的具体内容见表 7-2。

图 7-2　初步诊断的六种方法

表 7-2　液压系统故障初步诊断的具体内容

诊断方法		诊断内容
"六看"（看液压系统工作的实际情况）	一看速度	看执行机构的运动速度有无变化和异常现象
	二看压力	看液压系统中各测压点的压力值大小，以及有无波动现象
	三看油液	看油液是否清洁、是否变质，油液表面是否有泡沫，油量是否在规定的油标线范围内，油液的黏度是否符合要求等

（续）

诊断方法		诊断内容
"六看" （看液压系统工作 的实际情况）	四看泄漏	看液压管道各接头、阀板结合处、液压缸端盖、液压泵轴端等处是否有渗漏、滴漏等现象
	五看振动	看液压缸活塞杆、工作台等运动部件工作时有无因振动而跳动的现象
	六看产品	看液压设备加工出来的产品质量,判断运动机构的工作状态、系统的工作压力和流量的稳定性
"四听" （用听觉判断液压系 统工作是否正常）	一听噪声	听液压泵和液压系统工作时的噪声是否过大,噪声的特征是什么;溢流阀、顺序阀等压力控制元件是否有尖叫声
	二听冲击声	听工作台液压缸换向时冲击声是否过大,液压缸活塞是否有撞击缸底的声音,换向阀换向时是否有撞击端盖的现象
	三听异常声	听气蚀和困油的异常声,检查液压泵是否吸进空气、是否有严重的困油现象
	四听敲打声	听液压泵运转时是否有因损坏而引起的敲打声
"四摸" （用手摸允许摸的 运动部件,以便了 解它们的工作状态）	一摸温升	用手摸液压泵、油箱和阀类元件外壳表面,若接触 2s 感到烫手,则应检查温升过高的原因
	二摸振动	用手摸运动部件和管路的振动情况,若有高频振动,则应检查产生的原因
	三摸爬行	当工作台在轻载低速运动时,用手摸工作台有无爬行现象
	四摸松紧程度	用手拧一下挡铁、微动开关和紧固螺钉等,检查其松紧程度
"两闻"（通过不正常 的气味诊断故障）	一闻油液	用嗅觉检查油液是否发臭变质
	二闻橡胶件	嗅闻橡胶件是否因过热而发出特殊气味
"五阅" （查阅日常资 料排除故障）	一阅故障分析报告	查阅技术档案中的有关故障及其分析报告
	二阅修理记录	查阅液压设备的修理记录
	三阅日检定检卡	查阅设备日常检查和定期检查相关卡片
	四阅交接班记录	查阅操作者和技术人员等的交接班记录
	五阅保养记录	查阅设备日常保养或定期保养相关记录
"六问" （询问设备相关 人员,了解设备平 时的运行状况）	一问系统整体情况	问液压系统工作是否正常、液压泵有无异常现象
	二问日常维护	问液压油更换时间、滤网是否清洁
	三问控制元件	问故障发生前压力调节阀或速度调节阀是否调节过,有哪些不正常的现象
	四问密封情况	问故障发生前是否更换过密封件或液压件
	五问异常记录	问故障发生前液压系统出现过哪些不正常现象
	六问故障排除方法	问过去经常出现哪些故障,是怎样排除的,哪位维修人员对故障原因与排除方法比较清楚

　　总之,必须尽可能清楚地了解各种情况。但由于每个人的感觉、判断能力和实际经验有所不同,判断结果会有差别。所以初步诊断只是一个简单的定性分析,还做不到定量测试,但在缺少测试仪器和野外作业等情况下,它能迅速判断和排除故障,因此具有实用意义。

2. 仪器检测

仪器检测是在初步诊断的基础上，采用各种检测仪器对有疑问的异常情况进行定量测试和参数分析，从而找出故障原因和部位。对于重要的液压设备，可进行运行状态监测和故障早期诊断，在故障的萌芽阶段就能通过专家系统做出诊断，显示故障部位和程度并发出警告，以便进行早期处理和维修，避免故障突然发生而造成恶劣后果。

3. 综合确诊

经过初步诊断和仪器检测后，就进入了综合确诊阶段。综合确诊是在人的感官观察到的定性材料和仪器检测到的定量数据的基础上进行的，是指在设备和生产现场采用元件的调整、对调、隔离、替代、拆卸分解、观测等手段和方法，进行充分的分析、研讨和判断，最终确定排除故障的方案。

四、诊断故障原因的方法

液压系统中出现的故障，其原因是多方面的，但其中必定有一个是主要原因。寻找主要原因的方法有液压系统图分析法、鱼骨图分析法和逻辑流程图分析法等。

1. 液压系统图分析法

利用液压系统图分析故障原因，是目前工程技术人员采用的基本方法，它是进行故障诊断的基础。利用液压系统图分析故障，首先必须熟记被诊断液压设备中液压系统的工作原理、所用元件的结构与性能，然后才能逐步找出产生故障的原因，并提出故障排除对策。

2. 鱼骨图分析法

鱼骨图分析法是指用因果关系分析方法，对液压设备出现的故障进行分析，找出产生故障的主要原因。这种方法既能较快地找出产生故障的主要原因，又能积累排除故障的经验。

3. 逻辑流程图分析法

逻辑流程图分析法是根据液压系统的基本原理进行逻辑分析，减少怀疑对象，逐步逼近并最终找出故障发生的部位，检测分析产生故障的原因。根据故障诊断专家设计出的逻辑流程图，借助计算机就能及时找到产生故障的部位和原因，从而及时排除故障。

课题二 典型液压元件、回路和系统的故障诊断及排除方法

一、典型液压元件的故障诊断及排除方法

液压系统中常用的液压元件有液压泵、液压缸（液压马达）、阀类元件、辅助元件及液压油。液压元件的常见故障可以概括为：①液压泵输油量不足、压力无法提高、噪声及压力波动大等；②液压缸速度不稳定、爬行、推力不足、动作缓慢或不动作以及缓冲性能差等；③阀类元件调压失灵、流量调节失灵或流量不稳定、泄漏与噪声等；④辅助元件密封破坏、连接不牢、压力计失灵等；⑤液压油污染变质。产生故障的原因主要是：①元件加工精度和表面粗糙度不符合设计要求；②装配调整不合适，运动不灵活；③液压系统运行中维护不善或超载运行及正常磨损；④未按正常的操作程序进行而造成的人为事故损坏。

1. 齿轮泵的常见故障及其排除方法

齿轮泵的常见故障有噪声大、容积效率低、压力提不高、堵头或密封圈被冲出等，产生这些故障的原因及排除方法见表7-3。

表 7-3　齿轮泵的常见故障及其排除方法

故障现象	产生原因	排除方法
噪声大	接头、结合面、堵头或密封圈等处密封不良,有空气被吸入	用涂脂法查出泄漏处。更换密封圈;用环氧树脂黏结剂涂敷堵头配合面后再压进;用密封胶涂敷管接头并拧紧;修磨泵体与盖板结合面,保证平面度误差不超过 0.005mm
	齿轮齿形精度太差,泵内零件损坏	配研或更换齿轮,更换损坏的零件
	端面间隙过小	配磨齿轮、泵体和盖板端面,保证端面间隙
	齿轮内孔与端面不垂直、盖板上两孔中心线不平行、泵体两端面不平行等	拆检,修磨或更换有关零件
	两盖板端面修磨后,两困油卸荷槽之间的距离增大,产生困油现象	修整困油卸荷槽,保证两槽之间的距离
	装配不良	拆检,装配调整
	滚针轴承等零件损坏	拆检,更换损坏的零件
	泵轴与电动机轴不同轴	调整联轴器,使同轴度误差小于 0.1mm
	出现空穴现象	检查吸油管、油箱、过滤器、油位及油液黏度等
容积效率低、压力无法提高	端面间隙或径向间隙过大	配磨齿轮、泵体和盖板端面,保证端面间隙;将泵体相对于两盖板向压油腔适当平移,保证吸油腔处的径向间隙,再紧固螺钉,试验后,重新配钻、铰销孔,用圆锥销定位
	各连接处泄漏	紧固各连接处
	油液黏度太大或太小	测定油液黏度,按说明书要求选用油液
	溢流阀失灵	拆检,修理或更换溢流阀
	电动机转速过低	检查转速,排除故障根源
	出现空穴现象	检查吸油管、油箱、过滤器、油位等,排除故障
堵头或密封圈被冲出	堵头将泄漏通道堵塞	将堵头取出,涂敷环氧树脂黏结剂后,重新压进
	密封圈与盖板孔配合过松	检查,更换密封圈
	泵体装反	纠正装配方向
	泄漏通道被堵塞	清洗泄漏通道

2. 电液换向阀的常见故障及其排除方法

电液换向阀的常见故障有冲击和振动、电磁铁噪声较大、滑阀不动作等,产生这些故障的原因及排除方法见表 7-4。

表 7-4　电液换向阀的常见故障及其排除方法

故障现象	产生原因	排除方法
冲击和振动	阀芯移动速度太快(特别是大流量换向阀)	调节节流阀,使主阀阀芯移动速度降低
	单向阀封闭性太差,使主阀阀芯移动速度过快	修理、配研或更换单向阀
	电磁铁的紧固螺钉松动	紧固螺钉,并加防松垫圈
	交流电磁铁分磁环断裂	更换电磁铁
电磁铁噪声较大	推杆过长,电磁铁不能吸合	修磨推杆
	单向阀封闭性太差,使主阀阀芯移动速度过快	更换弹簧
	电磁铁铁心接触面不平或接触不良	清除污物,修整接触面
	交流电磁铁分磁环断裂	更换电磁铁

（续）

故障现象	产生原因	排除方法
滑阀不动作	滑阀堵塞或阀体变形	清洗及修研滑阀与阀孔
	具有中间位置的对中弹簧折断	更换弹簧
	电液换向阀的节流孔堵塞	清洗节流孔及管道
	操纵压力不够	操纵压力必须大于 0.35MPa

3. 先导型溢流阀的常见故障及其排除方法

先导型溢流阀的常见故障有系统无压力、压力波动大、振动和噪声大等，产生这些故障的原因及排除方法见表 7-5。

表 7-5　先导型溢流阀的常见故障及其排除方法

故障现象	产生原因	排除方法
系统无压力	主阀阀芯阻尼孔堵塞	清洗阻尼孔，过滤或换油
	主阀阀芯在开启位置处卡死	挤出，检修，重新装配
	弹簧折断或漏装，使主阀阀芯不能复位	检查、更换或补装弹簧
	调压弹簧弯曲或未装	更换或补装弹簧
	锥阀（或钢球）未装（或破碎）	补装或更换
	先导阀阀座破碎	更换阀座
	远程控制口通油箱	检查电磁换向阀工作状态或远程控制口通断状态，排除故障根源
压力波动大	液压泵流量脉动太大，使溢流阀无法平衡	修复液压泵
	主阀阀芯动作不灵活，时有卡住现象	修换零件，重新装配，过滤或换油
	阻尼孔时堵时通	清洗阻尼孔，过滤或换油
	阻尼孔太大，消振效果差	更换阀芯
	调压手轮未锁紧	调压后锁紧调压手轮
振动和噪声大	主阀阀芯在工作时径向力不平衡，导致溢流性能不稳定	修换零件，过滤或换油
	阀和阀座接触不好（圆度误差太大），导致锥阀受力不平衡，引起锥阀振动	封油面圆度误差应控制在 0.005～0.01mm 范围内
	调压弹簧变形不复原	检查并更换弹簧或修磨弹簧端面
	系统内存在空气	排除空气
	通过流量超过公称流量，在溢流阀阀口处引起空穴现象	控制在公称流量范围内使用
	通过溢流阀的溢流量太小，使溢流阀处于启闭临界状态而引起液压冲击	控制正常工作的最小溢流量（对于先导型溢流阀，应大于拐点溢流量）
	回油管路阻力过高	适当增大管径，减少弯头，回油管口离油箱底面应在 2 倍管径以上

4. 调速阀的常见故障及其排除方法

调速阀的常见故障有调节失灵、流量不稳定等，产生故障的原因及排除方法见表 7-6。

表 7-6　调速阀的常见故障及其排除方法

故障现象	产生原因	排除方法
调节失灵	定差减压阀阀芯与阀套孔配合间隙太小或有毛刺,导致阀芯移动不灵活或卡死	检查,修配间隙,使阀芯移动灵活
	定差减压弹簧太软、弯曲或折断	更换弹簧
	油液过脏,使阀芯卡死或节流阀孔口堵死	拆卸清洗,过滤或换油
	节流阀阀芯与阀孔配合间隙太大而造成较大泄漏	修磨阀孔,单配阀芯
	节流阀阀芯与阀孔间隙太小或变形而造成卡死	清洗、配研,以保证间隙
	节流阀阀芯轴向孔堵塞	拆卸清洗,过滤或换油
	调节手轮的紧定螺钉松或掉、调节轴螺纹被脏物卡死	拆卸清洗,紧固紧定螺钉
流量不稳定	定差减压阀阀芯卡死	清洗、修配,使阀芯移动灵活
	定差减压阀阀套小孔时堵时通	清洗小孔,过滤或换油
	定差减压阀弹簧弯曲、变形,端面与轴线不垂直	更换弹簧
	节流孔口处积有污物,造成时堵时通	清洗元件,过滤或换油
	温升过高	降低油温或选用黏度高的油液
	内外泄漏量太大	消除泄漏,更换新元件
	系统中有空气	将空气排净

二、典型液压回路的故障诊断及其排除方法

液压回路的常见故障:①压力控制回路中,调压不正常,无法输出液压油,减压不稳定及动作顺序错乱;②速度控制回路中,速度不稳定,速度换接时产生波动及工作压力不上升;③方向控制回路中,换向失灵,换向冲击及换向超前或滞后。

产生故障的主要原因:①溢流阀或减压阀调压失灵或失去调压作用;②调速阀或节流阀的节流口前后压力差不稳定,油液温升变化大;③控制油路无压力,换向阀阀芯卡死,换向阀内泄漏严重等。

1. 减压回路的常见故障及其排除方法

减压回路的常见故障及其排除方法见表 7-7。

表 7-7　减压回路的常见故障及其排除方法

故障现象	产生原因	排除方法
调压不正常	溢流阀阀芯移动不灵活	研磨阀芯及阀孔,使其移动灵活
	减压阀的先导阀阀芯弹簧变形或折断	检查并更换弹簧
压力降不下去	减压阀阀芯移动不灵活	清洗、修研减压阀阀孔及阀芯
	单向阀堵塞或开启不灵活	清洗单向阀,检查弹簧是否有弹性
压力波动及振动大	溢流阀或减压阀阀芯移动不灵活	清洗或修研其阀孔、阀芯,使其移动灵活
	液压缸中有空气进入	排除液压缸内的空气
减压阀不减压	减压阀阀芯阻尼孔堵塞	清洗减压阀阀芯,疏通阻尼孔
	回油阻力太大	避免在回路上安装过滤器

2. 速度换接回路的常见故障及其排除方法

速度换接回路的常见故障及其排除方法见表 7-8。

表 7-8　速度换接回路的常见故障及其排除方法

故障现象	产生原因	排除方法
调速阀调定后 速度不稳定	在调速阀串联的二次进给回路中,二位二通电磁阀阀芯动作不灵敏	拆下清洗或更换二位二通电磁阀
	在调速阀并联的二次进给回路中,调速阀的阀芯卡死	拆下修研调速阀阀芯并清洗调速阀,使其阀芯移动灵活
速度换接时,工作 机构突然前冲	溢流阀阀芯移动不灵活	清洗并修研溢流阀,使其移动灵活
	液压泵压力波动大	检查并修复液压泵
	电磁阀阀芯移动错位	检查并修复电磁阀

3. 方向控制回路的常见故障及其排除方法

方向控制回路的常见故障及其排除方法见表 7-9。

表 7-9　方向控制回路的常见故障及其排除方法

故障现象	产生原因	排除方法
制动时间不相等	运动速度不均匀	提高行程控制制动式换向回路速度的均匀性
换向失灵	换向阀阀芯卡死,液压油不换向流动	清洗并修复换向阀
	换向阀电磁线圈烧坏	检查并更换电磁线圈
	液动换向阀中的先导阀阀芯移动不灵活	清洗并修研先导阀阀孔与阀芯
	单向锁紧回路中的单向阀堵塞	检查并修理或更换单向阀
	液压缸泄漏严重	修理液压缸使其密封良好
换向后冲出一段距离	起停回路中背压阀弹簧失灵	更换弹簧,修复背压阀
	溢流阀主弹簧不灵活	更换溢流阀主弹簧
	液压泵流量脉动较大	检查并修复液压泵使其正常工作
	液控单向阀控制油路压力高(内有余压)	检查并排除余压
电液换向 回路不换向	电磁线圈通电后,液压缸不动作	安装背压阀
	电磁线圈烧坏	更换电磁线圈

4. 顺序动作回路的常见故障及其排除方法

顺序动作回路的常见故障及其排除方法见表 7-10。

表 7-10　顺序动作回路的常见故障及其排除方法

故障现象	产生原因	排除方法
顺序动作失灵	顺序阀阀芯卡死	清洗并修研顺序阀阀芯及阀孔
	顺序阀开启压力过大,致使阀芯压力太大,移动不灵活	调整顺序阀开启压力
	系统压力低(即溢流阀的调定压力低于顺序阀的调定压力)	调整系统压力
	液压缸内泄漏严重	排除液压缸内泄漏
工作速度达 不到规定值	油液发热,黏度低	更换合适的液压油
	溢流阀调整压力低	调整溢流阀使其压力适当
	液压泵输出油液少	修复或更换液压泵
	单向阀堵塞或开启不灵活	清洗并修研单向阀

（续）

故障现象	产生原因	排除方法
顺序动作冲击大	执行机构设计不合理	改进执行机构设计
	回油路未加装节流阀或背压阀	加装合适的节流阀或背压阀
	溢流阀阀芯移动不灵活	修研其阀芯与阀孔及更换弹簧
	液压泵输出的油液脉动大	修复液压泵

三、液压系统的故障诊断及排除方法

液压系统在装配调试和运行中，常出现以下故障：①系统泄漏严重；②执行元件运动速度不稳定；③执行元件动作失灵；④压力不稳定或控制失灵；⑤系统发热及执行元件同步精度差等。液压系统的故障往往是诸多因素综合作用的结果，主要原因有：①液压油和液压元件选用、维护不当，使液压元件损坏、失灵而引起故障；②设备年久失修，零件加工误差大，装配、调整不当和运动磨损而引起故障；③管路及管接头连接不牢固，密封件损坏及油液污染等而引起故障；④回路设计不完善而引起故障。

液压系统的常见故障及其排除方法见表 7-11。

表 7-11　液压系统的常见故障及其排除方法

故障现象		产生原因	排除方法
系统泄漏严重	外泄漏	间隙密封的间隙过大	重新配研配合件间隙
		密封件质量差或损坏	更换密封件
		系统回路设计不合理，泄漏环节多，回油路不畅通	改进系统回路设计，减少泄漏环节，疏通回油路
		油温高导致黏度下降	选用合适的液压油
	内泄漏	间隙运动副达不到规定精度	提高制造精度，满足设计要求
		工艺孔内部击穿，高压腔与低压腔串通	修复或更换有关元件及连接阀块
		封油长度短或面积小	改进有关零件的结构设计
		液压油的黏度小，系统压力大	选用合适的液压油并适当调整压力
气穴与气蚀		电动机转速过高，液压泵吸油管太短，过滤器堵塞，吸油管孔径小	降低电动机转速，合理安排吸油管及增大管径和管长，清洗过滤器
		油液通过节流孔时速度高、压力低，将压力能转换成动能而造成气穴	适当降低油液流动速度和增加油液局部压力
		空气侵入油液，使油液发白起泡	检查液压泵和吸油管等处的内、外泄漏情况，防止空气混入
液压系统发热		液压系统设计不合理，工作中压力损失大	改进设计，减少功率损失，采取散热措施
		液压泵内、外泄漏严重	检修液压泵，防止泄漏
		系统压力过高，压力损失增加	重新调整系统压力
		机械摩擦大，产生摩擦热	提高元件制造和装配精度、改善润滑条件或选用质量好的密封件
		油箱容量小，散热条件差	增加油箱容积
		环境温度高或散热器工作不正常	采取措施降低环境温度，修复散热器
振动及噪声大		液压泵或液压马达引起的振动和噪声	检修液压泵和液压马达，严重时要更换
		液压控制阀选择不当或失灵而引起振动及噪声	修复或更换液压控制阀

（续）

故障现象	产生原因		排除方法
振动及噪声大	液压泵吸空现象	液压泵吸油管泄漏或吸油管深度不够,吸入大量空气	检修吸油管和调整吸油管长度
		过滤器堵塞和油箱中油液不足	清洗过滤器和加足液压油
	液压泵吸入系统有气穴,引起振动和噪声		校核吸油管直径和长度,选择黏度合适的液压油
	管路系统和机械系统振动		检查电动机及液压泵,消除自身振动及管路系统的振动
液压卡紧	换向阀设计不合理,制造精度差,运动磨损		改进换向阀设计,提高零件制造精度,更换磨损零件
	油液污染,尤其是系统密封件的残片和油液中的颗粒造成堵塞		清洗滑阀,检查密封件,更换液压油
	油温升高,阀芯与阀孔膨胀系数不等而造成阀芯卡死		采取措施降低油温,修研阀芯与阀孔之间的间隙
	电磁铁的推杆因密封配合、摩擦阻力大或安装不良而将阀芯卡住		检查并调整推杆,使其不阻碍阀芯的运动
液压缸运动速度不稳定	液压泵元件磨损严重		更换磨损元件
	负载作用下系统泄漏显著增加,引起系统压力与流量的明显变化		适当调整系统压力,检修系统中的泄漏部件
	油液污染,节流通道堵塞		更换液压油,清洗节流阀孔
	系统压力调定得偏低,满足不了负载的变化要求		适当调整系统压力,使其满足负载变化要求
	系统中存有大量空气,使液压缸不能正常工作		排净系统中的空气
	油温升高,黏度降低,引起流量变化		降低油温及更换黏度合适的液压油
	背压阀压力调定不当,引起回油不畅		重新调定背压阀压力
动作循环错乱	各液压回路发生相互干扰		检查并调整各回路控制元件的功能
	电磁换向阀线圈损坏		更换电磁线圈
	顺序阀或压力继电器失灵		调整或更换顺序阀及压力继电器
执行机构爬行	传动系统刚性差		采取措施增强系统刚性
	摩擦力随运动速度的变化而变化,阻力变化大		改善执行元件的润滑状态,选择理想的摩擦副材料
	运动速度低,特别是≤0.1m/min 时爬行更明显		使用特殊的导轨润滑油或适当提高运动速度
	液压系统中有空气		排除液压系统中的空气
	溢流阀失灵,调定压力不稳定		检修或更换溢流阀
	双泵向系统供油时,压力低的泵有自回油现象,引起供油压力不足		检修液压泵
	液压缸和机床导轨不平行,活塞杆弯曲变形		检修、调整液压缸与机床导轨,使两者平行,并校直活塞杆
液压冲击	快速制动引起的液压冲击	换向阀快速换向时产生液压冲击	改进油路换向方式或延缓换向停留时间
		液压缸突然停止运动时引起液压冲击	延缓液压缸快停时间,适当加装单向节流阀

（续）

故障现象	产生原因	排除方法
液压冲击	节流缓冲装置失灵	检查并修复节流缓冲装置
	液压系统局部冲击	加装蓄能器
	背压阀压力调整不当或管路弯曲多	调整背压阀压力或减少管道弯曲
系统压力不稳定	液压泵内部零件损坏	修复或更换液压泵
	液压泵严重困油,造成运动呆滞或压力脉动	检查并修理液压泵,减少困油现象
	各种液压阀质量不良引起压力波动	修复或更换液压阀
	压力阀阀芯卡死	修复或更换压力阀
	过滤器堵塞,液流通道过小或油液选择不当	清洗过滤器,疏通管道,更换合适的液压油

附　　录

常用液压与气动元件图形符号（摘自 GB/T 786.1—2009）

附表1　符号要素、功能要素、管路及连接的图形符号

描述	图形符号	描述	图形符号
供油管路、回油管路、元件外壳和外壳符号	0.1M	内部和外部先导（控制）管路、泄油管路、放气管路	0.1M
组合元件框线	0.1M	两个流体管路的连接	0.75M
弹簧	2.5M　2M	压力容器、压缩空气储气罐、蓄能器	8M　4M
软管管路	2.5M　4M	封闭管路或接口	1M　1M
液压源（液压力作用方向）	4M	气压源（气压力作用方向）	4M
连接管路		交叉管路	
带单向阀的快换接头		不带单向阀的快换接头	
可调性符号		输入信号	F—流量 G—位置或长度测量 L—液位 P—压力或真空 S—速度或频率 T—温度 W—质量或力

注：为了缩小符号尺寸，图形符号按模数尺寸 $M=2.0$mm 绘制即可。

附表 2　控制机构和控制方法的图形符号

描述	图形符号	描述	图形符号
带有分离把手和定位销的控制机构		带有定位装置的推或拉控制机构	
用作单方向行程操纵的滚轮杠杆		具有可调行程限制装置的顶杆	
按钮式人力控制机构		顶杆式人力控制机构	
手柄式人力控制机构		使用步进电动机的控制机构	
单作用电磁铁,动作背离阀芯		单作用电磁铁,动作指向阀芯	
单作用电磁铁,动作指向阀芯,连续控制		单作用电磁铁,动作指向阀芯,连续控制	
双作用电气控制机构,动作指向或背向阀芯		双作用可调电气控制机构,动作指向或背离阀芯	
电气操纵的气动先导控制机构		电气操纵的、带有外部供油的液压先导控制机构	

附表3　泵、马达和缸的图形符号

描述	图形符号	描述	图形符号
单向旋转定量泵		单向旋转变量泵	
单向旋转的定量泵或马达		双输出旋转方向的定量马达	
双向流动、带外泄油路、单向旋转的变量泵		双向变量泵或马达单元,双向流动,带外泄油路,双向旋转	
双向摆动缸,限制摆动角度		单作用半摆动气缸或摆动马达	
变方向、定流量双向摆动马达		真空泵	
单作用单杆缸,靠弹簧力返回行程,弹簧腔带连接口		双作用单杆缸	
双作用双杆缸,活塞杆直径不同,双侧缓冲,右侧带调节		活塞杆终端带缓冲的膜片缸,通气孔不连接	
单作用缸,柱塞缸		双作用伸缩缸	
双作用带状无杆缸,活塞两端带终点位置缓冲		单作用压力介质转换器,将气体压力转换为等值的液体压力,反之亦然	

附表 4　控制元件的图形符号

描述	图形符号	描述	图形符号
二位二通方向控制阀,推压控制机构,弹簧复位,常闭		二位二通方向控制阀,电磁铁操纵,弹簧复位,常开	
二位四通方向控制阀,电磁铁操纵,弹簧复位		二位三通方向控制阀,滚轮杠杆控制,弹簧复位	
三位四通方向控制阀,弹簧对中,双电磁铁直接操纵		三位四通方向控制阀,电磁铁操纵先导级和液压操纵主阀,主阀及先导级弹簧对中,外部先导供油和先导回油(电液阀)	
三位四通方向控制阀,液压控制,弹簧对中(液动阀)		二位五通方向控制阀,踏板控制	
直动式溢流阀,开启压力由弹簧调节		二通减压阀,直动式,外泄型(直动式减压阀)	
顺序阀,手动调节设定值(直动式顺序阀)		二通减压阀,先导式,外泄型(先导式溢流阀)	
三通减压阀(液压)		减压阀,先导式	
直动式电液比例阀		梭阀("或"逻辑),压力高的入口自动与出口接通	
先导式液控单向阀,带有弹簧复位,先导压力允许在两个方向自由流动		先导式,双单向阀(液压锁)	

描述	图形符号	描述	图形符号
单向阀,只能在一个方向自由流动		单向阀,带有弹簧复位,只能在一个方向流动,常闭	
可调节流量控制阀		截止阀	
可调单向节流阀		二通流量控制阀,可调节,带旁通阀,固定设置,单向流动(单向调速阀)	
分流器,将输入流量分成两路输出		集流器,保持两路输入流量相互恒定	
比例流量控制阀,直控式		直动式比例方向控制阀	
压力控制和方向控制插装阀插件,座阀结构,面积为 1:1		快速排气阀	
外部控制的顺序阀		调压阀,远程先导可调,溢流,只能向前流动	
内部流向可逆调压阀(溢流调压阀)		二位三通方向控制阀,差动先导控制	

附表 5　辅助元件的图形符号

描述	图形符号	描述	图形符号
压力测量单元(压力表)		温度计	
流量计		液位指示器(液位计)	
不带冷却液流道指示的冷却器		液体冷却的冷却器	
过滤器		带光学阻塞指示器的过滤器	
加热器		温度调节器	
离心式分离器		囊隔式充气蓄能器(囊式蓄能器)	
气源处理装置(气动三联件)		压力继电器	
手动排水流体分离器		带手动排水分离器的过滤器	
吸附式过滤器		油雾分离器	
油雾器		空气干燥器	

参 考 文 献

［1］ 龚奇平. 液压与气动：机电设备安装与维修专业［M］. 北京：机械工业出版社，2012.

［2］ 韩玉勇，杨眉. 液压与气压传动技术［M］. 北京：机械工业出版社，2018.

［3］ 白柳，于军. 液压与气压传动［M］. 2版. 北京：机械工业出版社，2017.

［4］ 张圣锋. 液压与气压传动［M］. 北京：机械工业出版社，2015.

［5］ 高殿荣. 液压与气压传动［M］. 北京：机械工业出版社，2013.

［6］ 周晓峰. 液压传动与气动技术［M］. 2版. 北京：中国劳动社会保障出版社，2018.

［7］ 兰建设. 液压与气压传动［M］. 2版. 北京：高等教育出版社，2010.

［8］ 郭德顺. 机械基础［M］. 北京：机械工业出版社，2009.

［9］ 沈向东. 气压传动［M］. 3版. 北京：机械工业出版社，2009.

［10］ 王继焕. 机械设计基础［M］. 武汉：华中科技大学出版社，2008.

［11］ 马振福. 液压与气压传动［M］. 2版. 北京：机械工业出版社，2008.

［12］ 许福玲，陈尧明. 液压与气压传动［M］. 3版. 北京：机械工业出版社，2011.

［13］ 李世维. 机械基础［M］. 北京：高等教育出版社，2006.

［14］ 张秀珍. 机械加工基础［M］. 北京：中国劳动社会保障出版社，2006.

［15］ 王积伟，章宏甲，黄谊. 液压与气压传动［M］. 2版. 北京：机械工业出版社，2005.

液压与气动习题册

（智能设备运行与维护专业）

机械工业出版社

本习题册是中等职业教育国家规划教材《液压与气动》（智能设备运行与维护专业）（第2版）的配套用书。

　　本习题册紧扣专业标准和课程标准要求，按照主教材单元先后顺序编排，结合编者的课堂教学经验，针对学生特点，设计习题内容，题目难度适当，题型丰富多样，知识点分布均衡，突出了课程的重点和难点，习题，期中、期末考试试卷及参考答案齐全，使用方便，与主教材相得益彰，配套性好，有助于学生的知识巩固和能力提高。

前　　言

　　本习题册是中等职业教育国家规划教材《液压与气动》（智能设备运行与维护专业）（第 2 版）的配套用书。编者结合自身的一线教学经验，整理了平时教学中收集的大量习题和试卷，并参考众多书籍和资料，融入真实课堂教学实例，对本习题册进行了精心设计和编写。本习题册的主要特点如下：

　　1. 配套性强。紧扣主教材，与主教材两者相得益彰，配套性强。

　　2. 针对性强。题目贴近课堂教学和学生实际，符合专业和课程特点，针对性强。

　　3. 科学性强。题量适度、难易适当、题型丰富多样，突出了主教材的重点和难点，能较好地帮助学生温故知新和巩固提高，科学性强。

　　4. 规范性强。采用现行国家标准，图形及文字内容规范性强。

　　5. 实用性强。习题、期中、期末考试试卷及参考答案齐全，方便教师教学与学生学习，实用性强。

　　本习题册在编写过程中参考了大量相关教材、习题册等资料，得到了专家和同行的关心、支持与帮助，在此一并致以衷心的感谢！希望读者提出宝贵意见，以便不断改进和提高。

编　者

目　录

单元一　液压与气压传动的认识

一、填空题（请将正确答案填在题目中的空白处）

1. 液压与气压传动是利用_____作为介质，进行_____和_____的一种传动形式。

2. 一个完整的液压与气压传动系统主要由_____、_____、_____、_____和_____五个基本部分组成。

3. 在液压与气压传动系统中，将机械能转换成流体的压力能的装置称为_____，主要包括_____和_____。

4. 液压（气压）系统的控制调节元件，可对流体的_____、_____和_____进行控制与调节。

5. 液压（气压）系统中，_____是传递能量和信号的流体，如_____或_____。

6. 无论是液压传动元件还是气压传动元件，在输出相同功率的条件下，_____和_____相对较小，因此_____小，_____灵敏。

7. 液压（气压）系统采取了很多安全保护措施，易实现_____，避免发生事故。

8. 液压（气压）元件便于实现"三化"，即_____、_____和_____。

9. 千斤顶的大、小活塞面积之比为 30 : 1，若要抬起的重物为 4500N，那么在小活塞上作用力应为_____N。

10. 液压传动起源于 1654 年由帕斯卡提出的_____原理；1795 年，世界上第一台_____在英国诞生；1962 年，我国自行设计制造了 12000t 自由锻造_____。

二、选择题（请在下列选项中选择一个正确答案并将选项字母填写在括号内）

1. 液压传动系统中是以（　　）为工作介质。

A. 液压油　　　　B. 压缩空气　　　　C. 氧气

2. 气压传动系统的工作介质主要是（　　）。

A. 液体　　　　B. 压缩空气　　　　C. 氧气

3. 使用千斤顶举重物时，当作用在千斤顶杠杆上的力不变时，如果需要举起更重的物体，可以增大（　　）。

A. 大活塞的面积　　B. 小活塞的面积　　C. 大小活塞的面积比

4. 将发动机输入的机械能转换为液体的压力能的液压元件是（　　）。

A. 液压缸　　　　B. 液压马达　　　　C. 液压泵

5. 将液体的压力能转换为机械能的液压执行元件是（　　）。

A. 液压泵　　　　B. 液压马达　　　　C. 控制阀

6. 液压系统中，液压缸属于（　　）。

A. 动力元件　　　B. 执行元件　　　　C. 控制元件

7. 下列属于控制元件的是（　　）。

A. 方向阀　　　　B. 液压缸　　　　　C. 液压泵

8. 下列不属于液压与气压传动系统中的辅助元件的是（　　）。

A. 过滤器　　　　　　　B. 冷却器　　　　　　　C. 减压阀

9. 下列叙述中，（　　）属于液压传动的特点。

A. 可以在运转过程中保持传动比准确

B. 可与其他传动方式联用，但不易实现自动控制

C. 可以在较大的速度、转矩范围内实现无级变速

10. 液压传动与机械传动相比，其突出特点是（　　）。

A. 传动平稳　　　　　　B. 运动速度较快　　　　C. 传动比准确

三、判断题（对的打"√"，错的打"×"）

1. 工业机器人、组合机床等设备中都应用了液压与气压传动技术。（　　）

2. 气压传动系统中，气缸是动力装置。（　　）

3. 液压传动可在系统运行过程中调速，还可获得较低的运动速度。（　　）

4. 液压与气压传动宜用于传动比要求严格的场合。（　　）

5. 液压系统能够自润滑，因此液压元件的使用寿命长。（　　）

6. 液压传动可输出较大的推力和转矩，传动平稳。（　　）

7. 气压传动因其工作介质是压缩空气，故工作时无须在密闭的容器中进行。（　　）

8. 因空气无润滑性能，气压传动系统中必须设置供油润滑装置。（　　）

9. 图形符号表示元件的功能，而不表示元件的结构和参数。（　　）

10. 液压与气压传动系统的使用和维护要求较高，出现故障不易诊断。（　　）

四、简答题

1. 液压与气压传动的基本工作原理是什么？

2. 液压与气压传动系统由哪几部分组成？各部分的主要作用分别是什么？

3. 简述液压与气压传动的主要优缺点。

五、应用题

图 1 所示为液压千斤顶工作原理示意图，写出各元件的名称，并简要说明其工作原理。

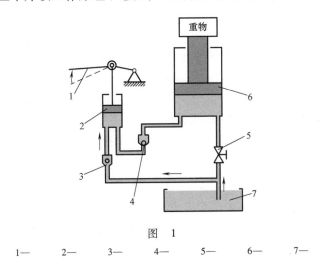

图　1

1—　　　2—　　　3—　　　4—　　　5—　　　6—　　　7—

单元二　液压传动基础知识

一、填空题（请将正确答案填在题目中的空白处）

1. 液压传动中最常用的工作介质是_____，此外还有_____和_____等。

2. 黏性的大小用_____表示，它表示流体运动时分子间_____，是评定液压油_____的指标。

3. 常用的黏度有三种，即_____、_____和_____。

4. 由于测量条件不同，各国所用相对黏度有_____、_____和_____。

5. 液压油的牌号就是采用它在_____℃时_____黏度（以 mm^2/s 计）的中心值来标号的。

6. 油液黏度因温度升高而_____；当油液中混入空气时，其可压缩性将显著_____。

7. 某一液压油牌号为 L-HM46，L 表示和_____有关的产品，H 表示（液）组，M 表示_____等级（抗磨液压油），数字 46 表示_____等级。

8. _____和_____是液压传动中最基本、最重要的两个技术参数。

9. 当液体相对静止时，_____就是液体单位面积上所受的作用力，在物理学上称为_____，在工程实际应用中习惯上称为_____。

10. 在 SI 制中，压力的单位为_____或_____；在液压技术中，常用的单位为_____。

11. 压力的表示方法有两种，即_____和_____。

12. 在研究液体流动时，为简化起见，将_____、_____的液体称为理想液体。

13. 单位时间流过某一通流截面的液体称为流量，单位为_____或_____。

14. 液体的流动有_____和_____两种状态，用_____进行判别。

15. 雷诺数 Re 的大小与圆管_____、管内液体的平均_____和_____有关。

16. 在液压管路中，液体压力损失可分为_____和_____。

17. 液压传动中，常利用液体流经阀的小孔或缝隙来控制_____和_____，达到_____和_____的目的。

18. 节流阀节流孔通常采用_____，其原因是流量受_____和_____变化的影响小，流量稳定。

19. 为减小压力损失，布置管路时，应尽可能_____管道长度，减少管道_____和截面的突变，管道_____应力求光滑。

20. 在液压元件中，液压缸与_____的缝隙、换向阀和阀体之间的缝隙，均属_____缝隙。

二、选择题（请在下列选项中选择一个正确答案并将选项字母填写在括号内）

1. 选用液压油牌号时，最应考虑的是液压油的（　　）。
A. 黏度　　　　　　B. 压缩性　　　　　C. 经济性

2. 为了避免温度升高而引起机件变形，精密机械宜采用（　　）黏度的液压油。
A. 较高　　　　　　B. 较低　　　　　　C. 任意

3. 当液压系统中工作部件的运动速度很低时，宜用黏度（　　）的液压油。
A. 较高　　　　　　B. 较低　　　　　　C. 任意

4. 温度对液压传动的性能（　　）影响。
A. 无　　　　　　　B. 有较小　　　　　C. 有较大

5. 国际标准 ISO 按油液 40℃时（　　）黏度的平均值划分其黏度等级。
A. 动力黏度　　　　B. 运动黏度　　　　C. 恩式黏度

6. 液压系统中，在管道中流动的液压油的流量等于（　　）。
A. 功率乘以截面积　B. 压力乘以流速　　C. 流速乘以截面积

7. 液体静压力（　　）承受压力的面，其方向和该面的内法线方向一致。
A. 平行于　　　　　B. 垂直于　　　　　C. 45°角

8. 液压油流过不同截面积的通道时，（　　）与通道的截面积成反比。
A. 流量　　　　　　B. 压力　　　　　　C. 流速

9. 当液压缸活塞所受的外力 F 一定时，活塞的截面积 A 变大，其所受的压力 P（　　）。
A. 变小　　　　　　B. 变大　　　　　　C. 不变

10. 当液压缸的截面积一定时，其活塞的运动速度取决于进入液压缸的液体的（　　）。
A. 流速　　　　　　B. 功率　　　　　　C. 流量

11. 某液压系统的压力大于大气压力，则其绝对压力为（　　）。
A. 大气压力+相对压力　　　　　　　　　B. 大气压力-相对压力

C. 大气压力-真空度

12. 液压系统的真空度应等于（　　　）。

A. 绝对压力-大气压力　　　　　　　　　B. 大气压力-绝对压力

C. 大气压力-相对压力

13. 当（　　　），液体的流动状态为紊流。

A. $Re < Re_{临界}$　　　　　B. $Re = Re_{临界}$　　　　　C. $Re > Re_{临界}$

14. 流量连续性方程是（　　　）在流体力学中的一种表达形式。

A. 质量守恒定律　　　　B. 动量定理　　　　C. 能量守恒定律

15. 节流阀的节流口通常做成（　　　）式。

A. 细长小孔　　　　　B. 短孔　　　　　C. 薄壁小孔

16. 泄漏量与缝隙高度 h 的（　　　）成正比，可见，液压元件缝隙大小对泄漏影响很大。

A. 1/2 次方　　　　B. 二次方　　　　C. 三次方

三、判断题（对的打"√"，错的打"×"）

1. 液压油是液压传动的工作介质，它是不可压缩的。（　　　）

2. 油温越高，液压油黏度越小；反之，黏度越大。（　　　）

3. 在使用过程中，要注意防止气体进入液压油中，水分进入液压油则影响不大。（　　　）

4. 在液压系统（密闭的容器）中，压力是以等值传递的。（　　　）

5. 在液压传动中，如果没有特别指明，压力均指的是绝对压力。（　　　）

6. 液压油流过不同截面积的通道时，流速与截面积成反比。（　　　）

7. 为便于安装与维修，液压泵应安装在油箱液面以上。（　　　）

8. 单位时间流过某一通流截面的液体体积称为流速。（　　　）

9. 当液压缸有效面积一定时，活塞运动速度的大小由输入液压缸的流量来决定。（　　　）

10. 在液压元件中，应尽量保持相互配合零件的同轴度，以减小缝隙泄漏量。（　　　）

四、简答题

1. 什么叫液体的黏性？常用的黏度表示方法有哪几种？

2. 简述液压系统对液压油的基本要求（要求回答四条基本要求以上）。

3. 阐述层流与湍流的物理现象及其判别方法。

4. 管路中压力损失有哪几种？它们是如何产生的？

五、计算题

1. 如图 2a、b 所示，液压缸直径 $D = 200mm$，柱塞直径 $d = 100mm$，液压缸中充满液压油。如果作用在柱塞和缸体上的作用力都为 $F = 40000N$，不计油液自重等所产生的压力，求图 2a、b 两种情况下液压缸中液体的压力。

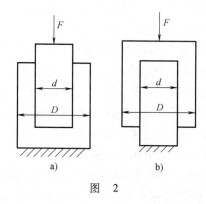

图　2

2. 如图 3 所示，液压泵的流量为 25L/min，吸油管内径 $d = 30mm$，泵安装在油面之上 0.4m 处，液压油的运动黏度为 $20 \times 10^{-6} m^2/s$，密度为 $900kg/m^3$，不计压力损失。（1）判断油液在进油管中的流动状态；（2）求液压泵进油口处的真空度。

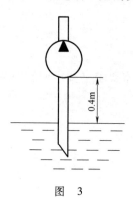

图　3

3. 某液压系统中，液压油通过一段内径 $d=10\text{mm}$、长度 $l=6\text{m}$ 的水平金属圆形管道，液压油密度 ρ 为 900kg/m^3，运动黏度 ν 为 $40\times10^{-6}\text{m}^2/\text{s}$，进口压力 $p_1=3.5\text{MPa}$。求流速为 3.2m/s 时的出口压力 p_2。

单元三　液 压 元 件

一、填空题（请将正确答案填在题目中的空白处）

1. 液压泵是液压系统的_____，它把电动机的_____转换成液体的_____，从而为系统提供动力。

2. 容积式液压泵的种类很多，按其结构形式的不同，可分为_____、_____和_____等；按泵的排量能否改变，可分为_____和_____；按泵的输出油液方向能否改变，可分为_____和_____；按额定压力的高低，可分为_____、_____和_____三种类型。

3. 液压泵的_____是实际工作中输出油液的压力，其大小取决于_____；工作压力应_____额定压力。

4. 液压泵的流量有_____、_____和_____之分。

5. 液压泵的能量损失有_____和_____，液压泵的总效率 $\eta=$ _____·_____。

6. 齿轮泵有_____和_____两种，其工作原理是通过_____的变化来实现_____和_____。

7. 内啮合齿轮泵有_____和_____两种。

8. 叶片泵按其输出流量是否可调节，分为_____和_____两类。

9. 双作用叶片泵的转子每转一周，每个密封工作腔吸油、压油各_____次。双作用叶片泵通常做成_____量泵，单作用叶片泵通常做成_____量泵。

10. 变量叶片泵的优点是它的流量可以通过改变_____和_____之间的_____来调节，改变_____就可以改变输油方向。

11. 柱塞泵按柱塞排列方向不同，可分为_____和_____两大类，常用于_____压、_____流量、_____功率和流量需要调节的液压系统。

12. 螺杆泵性能好、允许较高的转速、流量大，常用在大型液压系统中做_____。

13. 选用液压泵时，应按系统所要求的_____、_____大小，确定其型号规格。

14. 液压系统中的执行元件一般有_____和_____两种。

15. 液压马达将液体的压力能转化为_____的机械能，按结构形式可分为_____、_____和_____三大类。

16. 液压缸将液体的压力能转变为_____的机械能，按结构形式可分为_____、_____和_____三种。

17. 双活塞杆液压缸的固定方式有_____和_____两种。

18. 单活塞杆缸有_____、_____和_____三种进出油方式。

19. 柱塞式液压缸由于柱塞和缸筒内壁_____，适用于_____工况。成对使用柱塞式液压缸能实现_____往复运动。

20. 摆动式液压缸可实现_____并能输出转矩，有单叶片和双叶片两种形式，其摆动范围分别不大于_____和_____。

21. 伸缩式液压缸是一种_____液压缸，由两个及两个以上的_____套装而成，其特点是_____大而_____紧凑。

22. 无杆液压缸又称_____活塞缸，用于实现_____或_____运动。

23. 液压缸密封装置的作用是防止_____和灰尘入侵，保证正常的_____。常见的密封方法有_____和_____两种。

24. 密封圈的截面通常做成_____、_____和_____等形状。

25. 为避免活塞运动到缸体终端时撞击端盖而产生冲击和噪声，大型、高速或高精度液压缸中应设置_____装置。

26. 专门的排气装置有_____和_____等。

27. 液压控制阀按照其作用不同，分为_____、_____和_____三大类。

28. 方向控制阀分为_____和_____两类。

29. 换向阀的图形符号是用_____表示滑阀的工作位置，有几个_____就表示是几位阀。三位五通换向阀有_____个油口、_____个工作位置。

30. 按阀的操纵方式来分，换向阀可以分为_____、_____、_____、_____和_____五种类型。

31. 按照功能和用途不同，压力控制阀可分为_____、_____、_____和_____等。

32. 先导型溢流阀由_____和_____两部分组成。

33. 压力继电器是将液体的压力变化转变为_____的一种液电转换装置，它能根据油压的变化自动接通或断开有关电路，实现_____或_____。

34. 流量控制阀可通过改变阀口_____调节其流量，以控制执行元件的_____。常用的流量控制阀有_____和_____等。

35. 插装式锥阀又称_____，它是一种_____，常见的插装式锥阀有_____、_____和_____。

36. 液压传动中常用的油管有_____、_____、_____、尼龙管和塑料管等。

37. 常用管接头有_____式、_____式、_____式、扣压式软管接头。

38. 过滤器按其滤芯材料和结构形式不同有_____、_____、_____、纸芯及磁性过滤器等。

39. 充气式蓄能器主要有_____和_____两种。

40. 油箱的主要作用是_____，同时还起着_____、分离油中的_____及沉淀油中的杂质等作用。

二、选择题（请在下列选项中选择一个正确答案并将选项字母填写在括号内）

1. 将发动机输入的机械能转换为液体的压力能的液压元件是（　　　）。

A. 液压马达　　　　　　B. 液压泵　　　　　　C. 液压缸

2. 液压泵的实际流量（　　　）理论流量。

A. 小于　　　　　　　　B. 等于　　　　　　　C. 大于

3. 驱动液压泵工作的电动机所需功率（　　　）泵的输出功率。

A. 小于　　　　　　　　B. 等于　　　　　　　C. 大于

4. 下列（　　　）是外啮合齿轮泵的特点。

A. 流量脉动小　　　　　B. 噪声小　　　　　　C. 结构简单，价格低廉，自吸性能好

5. CB 型齿轮泵只适用于（　　　）系统。

A. 低压　　　　　　　　B. 中压　　　　　　　C. 高压

6. 单作用式叶片泵的转子每转一周，吸油、压油各（　　　）次。

A. 1　　　　　　　　　　B. 2　　　　　　　　　C. 3

7. 改变斜盘式轴向柱塞泵排量是通过调整其斜盘倾角 γ 的（　　　）来实现的。

A. 方向　　　　　　　　B. 大小　　　　　　　C. A 和 B 都不是

8. 一般液压缸可不设专门的排气装置，只需将通油口布置在缸体两端的（　　　）。

A. 中间　　　　　　　　B. 最低处　　　　　　C. 最高处

9. 液压系统出现低速爬行、换向精度下降、起动冲击等现象，其原因是（　　　）。

A. 有空气渗入　　　　　B. 缓冲装置有故障　　C. 运行 5min 后自行消除

10. 对于有效面积一定的液压缸，其运动速度取决于进入液压缸油液的（　　　）。

A. 流量　　　　　　　　B. 压力　　　　　　　C. 流速

11. 当液压缸差动连接工作时，其运动速度（　　　）。

A. 不变　　　　　　　　B. 增加　　　　　　　C. 减小

12. 能形成差动连接的液压缸是（　　　）液压缸。

A. 柱塞式　　　　　　　B. 双杆　　　　　　　C. 单杆

13. 差动液压缸为保证往返速度相等，活塞直径 D 应为活塞杆直径 d 的（　　　）。

A. $\sqrt{2}$　　　　　　　B. 2　　　　　　　　　C. 1/2

14. 在工作行程较长的场合，采用（　　　）较合适。

A. 柱塞液压缸　　　　　B. 差动液压缸　　　　C. 双活塞杆液压缸

15. 三位四通换向阀滑阀机能为（　　　）型，在中位时，可实现执行元件闭锁。

A. O　　　　　　　　　　B. H　　　　　　　　　C. Y

16. 常态位置，三位换向阀连接的油路通常应画在阀符号的（　　　）位置上。

A. 左格　　　　　　　　B. 中格　　　　　　　C. 右格

17. 常用的电磁换向阀是用来控制液压系统中油液的（　　　）。

A. 流量　　　　　　　　B. 方向　　　　　　　C. 压力

18. （　　　）控制方便、换向性能好，适用于高压、大流量系统。

A. 电液换向阀　　　　　B. 电磁换向阀　　　　C. 手动换向阀

19. 在液压系统中，可用作背压阀的是（　　　）。

A. 液控顺序阀　　　　　B. 换向阀　　　　　　C. 溢流阀

20. 先导型溢流阀的先导阀用于（　　　）。

A. 调节压力　　　　　B. 控制溢流阀口的起闭而稳定压力　　　　C. 溢流

21. 在液压系统中，顺序阀是用来控制（　　）的阀。

A. 流量　　　　　　B. 方向　　　　　C. 压力

22. 液压系统中，减压阀控制（　　　）处的压力不变。

A. 出口　　　　　　B. 进口　　　　　C. A 和 B 都不是

23. 压力继电器是（　　　）控制阀。

A. 流量　　　　　　B. 压力　　　　　C. 电流

24. 若将（　　）的结构进行调整，让其出油口与油箱连通，就可用作卸荷阀。

A. 液控顺序阀　　　　B. 减压阀　　　　C. 溢流阀

25. 调速阀由（　　　）和节流阀组合而成，适用于执行元件负载变化大而运动速度要求稳定的系统。

A. 定差减压阀　　　　　B. 定压减压阀　　　　　C. 定比减压阀

三、判断题（对的打"√"，错的打"×"）

1. 液压泵的工作压力应大于额定压力。（　　　）

2. 外啮合齿轮泵，当齿与齿进入啮合时，油液从齿间被挤出输入系统而形成压油。（　　　）

3. CB 型齿轮泵多应用于中压液压系统。（　　　）

4. 为了保证液压泵吸油充分，油箱必须和大气相通。（　　　）

5. 外啮合齿轮泵的困油现象、径向不平衡力和泄漏影响其性能与寿命。（　　　）

6. 双作用叶片泵通常做成变量泵，常应用于中压系统。（　　　）

7. 额定压力要求较高、负载大、功率大的设备，可选用柱塞泵。（　　　）

8. 液压马达与液压泵结构相似，两者完全可以通用。（　　　）

9. 一般情况下，液压马达需双向旋转，以满足工作机构的要求。（　　　）

10. 液压缸活塞运动速度只取决于压力的大小。（　　　）

11. 间隙密封适合速度较快、压力不高、尺寸较小的液压缸使用。（　　　）

12. 液压缸设置缓冲装置主要目的是避免缸内压力陡然变大。（　　　）

13. 单向阀常被安装在泵的出口。（　　　）

14. 液控单向阀是依靠控制流体压力，可以使单向阀反向流通的阀。（　　　）

15. 换向阀图形符号方框内的"⊥"或"⊤"表示液流通道被关闭。（　　　）

16. 换向阀的常态位置是指阀芯受到控制力作用时所处的位置。（　　　）

17. 电液换向阀可用较小流量的电磁阀来控制较大流量的液动阀。（　　　）

18. 直动式溢流阀适用于高压、大流量场合。（　　　）

19. 直动式顺序阀用于高压系统，先导式顺序阀用于低压系统。（　　　）

20. 先导式减压阀利用了液流经过缝隙时产生压降的原理。（　　　）

21. 节流阀和调速阀的作用都是调节流量和稳定流量。（　　　）

22. 插装式锥阀适用于高压、大流量和较复杂的液压系统。（　　　）

23. 电液伺服阀是伺服液压系统的核心元件。（　　　）

24. 通常泵的吸油口安装精滤器以降低吸油阻力。（　　　）

25. 压力计必须直立安装，且接入管道前应通过阻尼小孔。（　　　）

四、简答题

1. 液压传动中，容积式液压泵通常可分为哪些类型？

2. 什么是液压泵的工作压力和额定压力？两者有何关系？

3. 液压缸缓冲装置的主要作用是什么？其基本工作原理是什么？

4. 什么是换向阀的"位"与"通"？

5. 溢流阀在液压系统中有何用途？

6. 试比较溢流阀、减压阀和顺序阀（内控外泄式）三者之间的异同点。

7. 为什么调速阀比节流阀的调速性能好？

8. 如图4所示，若三个溢流阀的调整压力分别为 $p_1 = 6\text{MPa}$，$p_2 = 4.5\text{MPa}$，$p_3 = 3\text{MPa}$，泵的出口处负载阻力为无限大，若不计管道压力损失，当换向阀4处于左、中、右位时，泵的工作压力分别为多少？

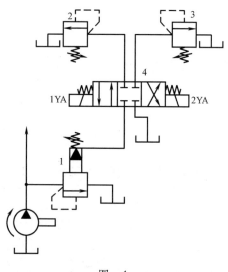

图 4

五、计算题

1. 某液压泵的额定流量 $Q = 4.0 \times 10^{-4}\ \text{m}^3/\text{s}$，额定压力 $p = 20 \times 10^5\text{Pa}$，总效率 $\eta_\text{总} = 0.8$，求该液压泵的输出功率及驱动该泵的电动机的额定功率。

2. 如图5所示，如果液压缸两腔的面积 $A_1 = 100\text{cm}^2$，$A_2 = 40\text{cm}^2$，泵的供油量 $q = 40\text{L}/\text{min}$，供油压力 $p = 20 \times 10^5\text{Pa}$，所有损失均忽略不计。求液压缸在无杆腔进油、有杆腔进油和差动连接三种情况下能产生的推力及液压缸的运动速度。

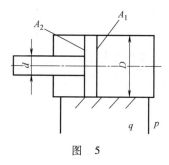

图 5

3. 如图 6 所示，双缸液压系统中缸 I、缸 II 的有效面积分别为 $A_1 = 4 \times 10^{-3} \text{m}^2$，$A_2 = 2.5 \times 10^{-3} \text{m}^2$，外负载 $F_1 = 1.6 \times 10^4 \text{N}$，$F_2 = 0.5 \times 10^4 \text{N}$，溢流阀的开启压力为 $5.5 \times 10^6 \text{Pa}$，活塞运动到底均有止位钉限位。试问液压泵在工作过程中有几种压力情况？并说明液压缸先后动作顺序。

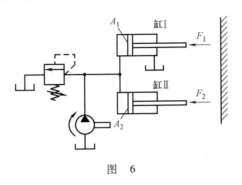

图 6

单元四　液压回路及系统

一、填空题（请将正确答案填在题目中的空白处）

1. 基本回路是由有关液压元件组成的用来完成_____的典型回路。按其功能不同，基本回路可分为_____、_____、_____和多缸工作控制回路等。

2. 压力控制回路是控制液压系统（或系统中某一部分）的压力，达到_____、_____、_____和_____等目的，以满足执行元件对力或转矩要求的回路。

3. 卸荷回路的功用是在液压泵驱动电动机不频繁起停的情况下，使液压泵在_____下运转，以_____和_____，延长液压泵和电动机的使用寿命。

4. 采用_____卸荷是工程机械最常用的卸荷方式，常用_____或_____中位机能的三位换向阀处于中位时实现液压泵卸荷。

5. 速度控制回路是控制液压系统中执行元件的_____和_____的回路，它包括_____、_____和_____。

6. 液压系统的调速方式有以下三种：_____、_____和_____。

7. 快速运动回路又称_____，其功用是使执行元件在空行程时获得尽可能大的_____，以提高系统的工作效率或充分利用功率。

8. 在液压系统中，用以控制执行元件的起动、停止及换向的回路称为_____，常用的有_____和_____。

9. 常见的多缸工作控制回路有_____、_____、_____。

10. 顺序动作回路的功用是使多缸液压系统中的各液压缸按规定的顺序依次动作。按控制方式不同，可分为_____和_____两大类。

二、选择题（请在下列选项中选择一个正确答案并将选项字母填在括号内）

1. 定量泵供油的调压回路中，液压泵的供油压力可以通过（　　）进行调节。

A. 溢流阀　　　　　B. 顺序阀　　　　　C. 减压阀

2. 当液压系统需要实现无级调压时，一般可加装（　　），通过改变输入电流大小来实现无级调速。

A. 节流阀　　　　　B. 电液比例溢流阀　C. 溢流阀

3. 减压回路中常采用（　　）与主油路相连来实现减压。

A. 定比减压阀　　　B. 定值减压阀　　　C. 定差减压阀

4. 为了使减压回路工作可靠，减压阀最高调定压力至少应（　　）系统压力。

A. 低于　　　　　　B. 高于　　　　　　C. 等于

5. 卸荷回路的功用是在液压泵电动机不频繁起停的情况下，使液压泵在（　　）情况下运转，从而减少功耗，延长设备寿命。

A. 很高压力　　　　B. 工作压力　　　　C. 很低压力

6. 采用三位换向阀的中位机能实现卸荷时，（　　）中位机能不能实现卸荷。

A. H 型　　　　　　B. M 型　　　　　　C. P 型

7. 使用先导型溢流阀的卸荷回路，是控制其远程控制油口和油箱相通，使溢流阀主阀阀芯（　　），从而实现泵的卸荷。

A. 全开　　　　　　B. 半开　　　　　　C. 封闭

8. 平衡回路可以在液压缸下行油路上设置（　　）产生适当阻力来平衡自重。

A. 溢流阀　　　　　B. 顺序阀　　　　　C. 减压阀

9. 液控顺序阀相较于单向顺序阀控制的平衡回路，（　　）。

A. 工作更安全可靠　B. 容易产生泄漏　　C. 两者没有区别

10. 在（　　）供油系统中，常采用节流调速的方法来控制运动部件的速度。

A. 变量泵　　　　　B. 定量泵　　　　　C. 柱塞泵

11. 容积调速是通过改变变量泵或变量马达的（　　）来实现调速的。

A. 容积　　　　　　B. 功率　　　　　　C. 排量

12. 容积节流调速是采用变量泵与（　　）配合的方法实现调速的。

A. 流量阀　　　　　B. 方向阀　　　　　C. 压力阀

13. 快速运动回路又称为增速回路，可以通过（　　）来实现快速运动。

A. 差动连接　　　　B. 无杆腔进油　　　C. 有杆腔进油

14. 简易锁紧回路可以通过（　　）中位机能来实现。

A. H 型　　　　　　B. M 型　　　　　　C. P 型

15. 为使液控单向阀锁紧回路的中位锁紧更可靠，三位换向阀的中位机能宜采用（　　）。

A. P 型　　　　　　B. M 型　　　　　　C. H 型或 Y 型

16. 行程控制的顺序动作回路是利用工作部件到达（　　）时，发出信号来控制液压缸的先后动作顺序。

A. 一定位置　　　　B. 一定速度　　　　C. 终点

17. 行程阀控制的顺序动作回路，是利用（　　）控制行程阀来实现顺序动作的。

A. 电磁阀　　　　　B. 活塞杆挡块　　　C. 行程开关

18. 压力控制的顺序动作回路，其控制形式不包括（　　　）。

A. 顺序阀控制　　　　B. 压力继电器控制　　C. 行程开关控制

19. 顺序动作回路可以用（　　　）来控制实现。

A. 顺序阀　　　　　　B. 减压阀　　　　　　C. 溢流阀

20. 同步回路的功用是使多个液压缸在运动中保持相同的（　　　）。

A. 压力　　　　　　　B. 位移或速度　　　　C. 输出功率

三、判断题（对的打"√"，错的打"×"）

1. 压力控制回路是控制液压系统（或某一部分）的压力的控制回路，调压、减压、卸荷和平衡回路都属于压力控制回路。（　　　）

2. 调压回路只能通过减压阀、溢流阀获得若干等级的输出压力，而不能实现无级调压。（　　　）

3. 减压回路通常是通过并联一定值减压阀，使支路获得比主油路低的稳定压力。（　　　）

4. 三位换向阀的 P 型中位机能可以实现液压泵的卸荷。（　　　）

5. H 型中位机能的三位换向阀处于中位时，可以使泵的油液直接回油箱，实现卸荷。（　　　）

6. 平衡回路的主要作用是防止重物因自重而下坠或超速下行。（　　　）

7. 在容积调速回路的主油路中，溢流阀起安全保护作用。（　　　）

8. 节流调速回路主要是对变量泵供油的系统进行速度调节。（　　　）

9. 进油路、回油路和旁油路节流调速回路形式不一样，但其作用完全相同。（　　　）

10. 容积调速效率低、发热大，适合小功率系统。（　　　）

11. 容积节流调速结合了节流调速和容积调速的优点，既能高效工作，又具备较好的运动平稳性。（　　　）

12. 利用差动连接，可以组建快速运动回路系统。（　　　）

13. 锁紧回路可以防止液压缸在停止时因外界影响而发生漂移或窜动，是重要的安全回路。（　　　）

14. 液控单向阀构成的锁紧回路结构简单，但容易因泄漏而产生锁紧精度不高的问题。（　　　）

15. Y 型或 H 型中位机能的三位换向阀可以使系统油液流回油箱，从而确保液控单向阀可靠锁紧。（　　　）

四、简答题

1. 什么是液压基本回路？常见的液压基本回路有哪几类？各起什么作用？

2. 液压系统中快速运动回路的主要功用是什么？常用的快速运动回路有哪些？

五、思考题

1. 如图 7 所示，溢流阀的调定压力为 5MPa，不计阀芯阻尼小孔造成的损失，试判断下列情况下压力表的读数各为多少：

1）YA 断电，负载为无限大时。

2）YA 断电，负载压力为 3MPa 时。

3）YA 通电，负载压力为 2MPa 时。

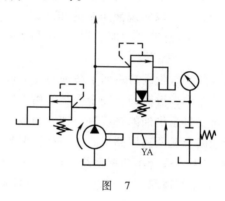

图 7

2. 如图 8 所示，溢流阀调定压力 $p_y = 5MPa$，减压阀调定压力 $p_j = 3MPa$，液压缸负载 F 形成的压力为 2MPa。不考虑管道及减压阀全开时的压力损失，当"至系统"的油路不通时，问：

1）在液压缸推动负载运动的过程中，A、B 点压力为多少？这时溢流阀、减压阀有无工作？各阀的先导阀、主阀处于什么状态？为什么？

2）液压缸运动到终端停止后，A、B 点压力为多少？这时溢流阀、减压阀有无工作？各阀的先导阀、主阀处于什么状态？为什么？

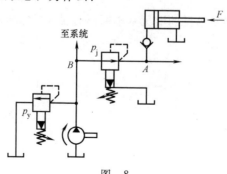

图 8

3. 在图 9a、b 所示的液压系统中，各溢流阀的调定压力分别为 $p_A = 5\text{MPa}$、$p_B = 4\text{MPa}$ 和 $p_C = 3\text{MPa}$。试求在系统负载趋于无限大时，在图 9a、b 两种情况下，液压泵的工作压力分别是多少？

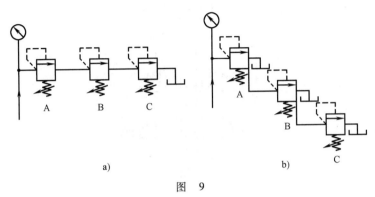

图　9

4. 分析图 10 所示的两种锁紧回路，找出两者的区别，并简要说明其特点。

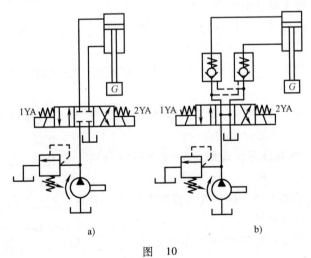

图　10

5. 图 11 所示回路可以实现"快进→慢进→快退→卸荷"工作循环，试列出其电磁铁动作表。

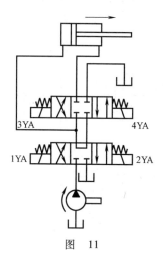

图　11

单元五　气压传动基础知识

一、填空题（请将正确答案填在题目中的空白处）

1. 气体在流动过程中产生内摩擦力的性质为_____，表示黏性大小的量称为_____。

2. 湿空气中所含的_____程度常用湿度来表示，空气的湿度可以用_____和_____来度量。

3. 气源装置是气动系统的动力源，一般由_____、储存与压缩空气的装置和设备、传输压缩空气的_____三部分组成。

4. 空气压缩机的种类很多，按照压力大小可以分成_____、_____和_____，按工作原理可分为_____和_____两类。

5. 选用空气压缩机的主要依据是气压传动系统所需要的_____和_____两个参数。

6. 常见的气源净化装置有_____、_____、_____、_____和_____。

7. 气压传动系统所使用的压缩空气必须经过_____和_____进行干燥与净化处理后才能使用。

8. 后冷却器安装在出口处的_____管道上；油水分离器设置在_____之后；油雾器单独使用时，其进出口应水平安装在_____之后、_____之前，并尽量靠近_____。

9. 气源三联件由_____、_____和_____三种元件依次连接而成。

10. 气动执行元件是将压缩空气的压力能转化为_____的能量转换装置，它能驱动机构实现_____、_____或_____。

11. 气动执行元件可分为_____和_____两大类，_____用来实现往复直线运动和输出推力或拉力，_____用来实现旋转运动。

12. 按结构特点，气缸可分为_____、_____、_____等。

13. 薄膜式气缸由缸体、_____、_____和_____等组成。

14. 压力控制阀按其控制功能，可分为_____、_____和_____。

15. 顺序阀是依靠气路中的_____变化来控制执行元件按顺序动作的压力控制元件，顺序阀常与_____并联使用，构成_____。

16. 气动方向控制阀按控制方式不同，可分为_____、_____、_____和手动换向阀等。

17. 单向型控制阀主要包括_____、_____和_____。

18. 梭阀可以看作是由两个_____组合而成，其作用相当于"_____"逻辑功能。

19. 快速排气阀是通过快速排气使_____加快，它通常安装在_____和_____之间。

20. 气动逻辑元件主要由_____和_____组成，按逻辑功能分为_____、_____、_____和双稳元件等。

二、选择题（请在下列选项中选择一个正确答案并将选项字母填写在括号内）

1. 单位体积湿空气中所含的水蒸气质量称为（　　）。

A. 绝对湿度　　　　B. 饱和绝对湿度　　　　C. 相对湿度

2. 在温度和总压力不变的条件下，绝对湿度与饱和绝对湿度的比值称为（　　）。

A. 绝对湿度　　　　B. 饱和绝对湿度　　　　C. 相对湿度

3. 空气黏度受温度变化的影响，且随温度的升高而（　　）。

A. 增大　　　　　　B. 减小　　　　　　　　C. 不变

4. 空气压缩机的作用是将原动机输出的机械能转换为气体的（　　）。

A. 动能　　　　　　B. 压力能　　　　　　　C. 势能

5. 某一空气压缩机的额定压力为 8MPa，它属于（　　）。

A. 低压空压机　　　B. 中压空压机　　　　　C. 高压空压机

6. 按工作原理分，膜片式空气压缩机属于（　　）。

A. 往复式　　　　　B. 旋转式　　　　　　　C. 离心式

7. 气动系统中，后冷却器通常安装在空气压缩机的（　　）管路上。

A. 进口　　　　　　B. 进口或出口　　　　　C. 出口

8. 气动系统中，（　　）把压缩空气的压力能转换成机械能，从而驱动机构运动。

A. 控制元件　　　　B. 辅助元件　　　　　　C. 执行元件

9. 气马达是一种常见的气动执行元件，它一般用来实现（　　）。

A. 直线运动　　　　B. 旋转运动　　　　　　C. 摆动

10. （　　）是依靠气路中压力的变化来控制执行元件按顺序动作的压力控制阀。

A. 减压阀　　　　　B. 顺序阀　　　　　　　C. 流量阀

11. 单向控制阀属于（　　）。

A. 压力阀　　　　　B. 流量阀　　　　　　　C. 方向阀

12. 下列不属于排气节流阀的作用的是（　　）。

A．限制回路中的最高压力　　　　　　　　B．调节执行机构的运动速度

C．降低排气噪声

三、判断题（对的打"√"，错的打"×"）

1. 压力的变化对空气黏度的影响很小，可忽略不计。（　　　）

2. 在气压传动中，压缩机的活塞在气缸中快速运动可被认为是绝热过程。（　　　）

3. 蛇管式水冷却器工作时，压缩空气在管内流动，冷却水在管外同向流动。（　　　）

4. 储气罐能进一步分离压缩空气中的水分和油分等杂质。（　　　）

5. 油水分离器可以把压缩空气净化得很干净，能满足气动系统的要求。（　　　）

6. 干燥器可以进一步去除压缩空气中的水、油和灰尘。（　　　）

7. 空气中经常会有灰尘等杂质，因而压缩空气还应进行适当过滤。（　　　）

8. 通常在换向阀的排气口处安装消声器来降低噪声。（　　　）

9. 气-液转换器能实现气压能和液压能之间的相互转换。（　　　）

10. 气缸可以驱动机构实现往复直线运动、摆动或旋转运动。（　　　）

11. 气动执行元件主要有气缸和气马达。（　　　）

12. 气-液阻尼缸与气缸相比，具有传动平稳、停位精确、噪声小等特点。（　　　）

13. 薄膜式气缸大多是单作用式，没有双作用式的，且气缸行程长。（　　　）

14. 安装气缸时，气源进口必须安装油雾器。（　　　）

15. 气马达的作用是将压缩空气的压力能转换成直线移动的机械能。（　　　）

16. 溢流阀的主要作用是限制回路中的最高压力。（　　　）

17. 流量控制阀控制气动系统中执行机构的运动速度，其精度远高于液压控制。（　　　）

18. 快速排气阀加快了气缸的往复运动速度，缩短了工作周期。（　　　）

19. 气控阀的用途非常广泛，常用的控制方式有加压控制和差压控制。（　　　）

20. 先导式电磁换向阀由直动式电磁换向阀和气压控制换向阀两部分组成。（　　　）

四、简答题

1. 简述压缩空气净化设备的种类及其主要作用。

2. 使用气马达和气缸时应注意哪些事项？

3. 图 12 所示供气系统有何错误？应怎样正确布置？

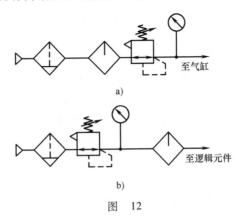

图　12

4. 在气动控制系统中，常用压力控制阀有哪几种？其共同特点是什么？各种阀的主要作用分别是什么？

5. 排气节流阀有何作用？它与普通节流阀的安装位置有什么区别？

单元六　气　动　回　路

一、填空题（请将正确答案填在题目中的空白处）

1. 气动基本回路分为＿＿＿＿回路、＿＿＿＿回路、＿＿＿＿回路和＿＿＿＿回路等。

2. 压力控制回路是使回路中的＿＿＿＿在一定范围内，常用的压力控制回路有＿＿＿＿、＿＿＿＿和＿＿＿＿。

3. 一次压力控制回路主要用于控制＿＿＿＿的压力，又称为气源压力，气源经

_____和_____后供用户使用。

4. 二次压力控制回路主要是对气动装置_____的压力进行控制，通常由_____、_____、_____等组成。

5. 双作用气缸的速度控制回路通常有_____节流回路和_____节流回路等形式。

6. 在气缸有效行程较长、速度较快、惯性大的情况下，为避免_____运动到终点时撞击缸盖，往往需要采用_____回路来消除冲击力，该回路其实是一种_____回路。

7. 在气动回路中，采用_____或_____后，就相当于把气压传动转换为液压传动，具有_____、_____、泄漏途径少、制造维修方便以及能耗低等特点。

8. 在气-液阻尼缸的调速回路中，_____是动力缸，_____为阻尼缸。

9. 常见的安全回路有_____和_____。

10. 气动系统中采用往复动作回路，可提高_____程度。常用的往复动作回路有_____和_____两种。

二、选择题（请在下列选项中选择一个正确答案并将选项字母填写在括号内）

1. 方向控制回路的作用是利用方向控制阀使（　　　）改变运动方向。

A. 控制元件　　　　　　B. 执行元件　　　　　　C. 辅助元件

2. 下列选项中，（　　　）不是压力控制回路的主要作用。

A. 提高系统安全性　　　B. 提供稳定压力　　　　C. 获得所需速度

3. 一次压力控制回路主要用于控制（　　　）的压力。

A. 储气罐内　　　　　　B. 气缸内　　　　　　　C. 排气口

4. 在二次压力控制回路中，气动三元件不包括（　　　）。

A. 空气过滤器　　　　　B. 储气罐　　　　　　　C. 油雾器

5. 速度控制回路主要是通过对（　　　）的调节，来控制执行元件的运动速度。

A. 压力　　　　　　　　B. 气缸　　　　　　　　C. 流量

6. 当气缸驱动大负载并进行长行程、高速运动时，需要用（　　　）来消除冲击力。

A. 缓冲回路　　　　　　B. 压力控制回路　　　　C. 快速运动回路

7. 气-液联动回路相当于把气压传动转化为（　　　）。

A. 螺旋传动　　　　　　B. 齿轮传动　　　　　　C. 液压传动

8. 下列（　　　）是一种安全保护回路。

A. 延时回路　　　　　　B. 过载保护回路　　　　C. 缓冲回路

三、判断题（对的打"√"，错的打"×"）

1. 一个复杂的气动系统，也是由若干基本回路组成的。（　　　）

2. 高低压转换回路一般是利用两个溢流阀获得所需要的高低压。（　　　）

3. 改变执行元件的运动方向，只需改变系统中压缩空气的流向。（　　　）

4. 缓冲回路其实是一种快速回路。（　　　）

5. 气-液阻尼缸的速度控制回路可以获得比较平稳的运动速度。（　　　）

6. 在双手操作安全控制回路中，按下两个起动用手动阀中的任意一个都能使回路动作。（　　　）

7. 在延时断开回路中，延时时间可以由节流阀调节。（　　　）

8. 气动回路一般不设排气管道。（　　　）

四、简答题

1. 一次压力控制回路和二次压力控制回路分别用于控制何处的压力？

2. 安全保护回路中不可缺少的装置有哪些？为什么？

五、思考题

图 13 所示为机械加工自动生产线和组合机床中常用的工件夹紧气压传动系统工作原理图，试回答下列问题：

1）写出元件 1、3、4、6、7 的名称。

2）简述该工件夹紧气动系统的功能。

3）分析该工件夹紧气动系统的动作循环过程。

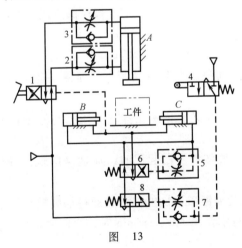

图　13

单元七　液压系统的故障诊断及排除

一、填空题（请将正确答案填在题目中的空白处）

1. 液压系统是由各种_____元件、_____元件经管路、管接头、连接体等零件有机地连接而成的一个完整系统。

2. 对液压设备的故障进行诊断时，通常采用_____、_____、_____等方法。

3. 初步诊断时，一般有"两闻"，即用嗅觉器官检查_____是否发臭变质，_____是否因过热发出特殊气味等。

4. 齿轮泵常见的故障有_____效率低、_____提不高、_____大、堵头或密封圈被冲出等。

5. 电液换向阀的常见故障有冲击和振动、_____噪声大、_____不动作等。

6. 先导型溢流阀的常见故障有系统_____、_____波动大、振动和_____大等。

7. _____失灵、_____不稳定等是调速阀的常见故障。

二、选择题（请在下列选项中选择一个正确答案并将选项字母填写在括号内）

1. 液压系统运行（   ），故障率最低，这是液压系统运行的最佳阶段。

A. 初期　　　　　　　　B. 中期　　　　　　C. 后期

2. 下列（   ）是液压系统运行中的常见故障。

A. 动作失灵、泄漏　　　B. 振动和噪声　　C. A 和 B 都是

3. 为了消除齿轮泵因困油造成的危害，可（   ）。

A. 增大齿轮啮合线处的间隙　　　　　　B. 增大齿轮两侧面与两端面之间的轴向间隙

C. 在两端泵端盖上开卸荷槽

4. 液压泵电动机转速过高，液压泵吸油管太短，容易产生（   ）。

A. 气穴与气蚀　　　　　B. 液压冲击　　　C. 系统泄漏严重

5. 下列（   ）不是造成液压系统动作循环错乱的主要原因。

A. 电磁换向阀线圈损坏　　　　　　　　B. 顺序阀或压力继电器失灵

C. 传动系统刚性差

三、判断题（对的打"√"，错的打"×"）

1. 液压系统间隙密封的间隙过大时容易产生外泄漏，通常可以重新配研配合件之间的间隙。（   ）

2. 在液压系统中，当阀的工艺孔内部击穿，高压腔和低压腔串通时，容易产生外泄漏。（   ）

3. 当空气侵入油液中，使油液发白起泡时，应适当降低油液流动速度和增加油液局部压力。（   ）

4. 液压系统发热会改变油液工作性能，可以通过加装散热器来减少发热。（   ）

5. 运动速度特别高，特别是当 $v \geqslant 10\mathrm{m/min}$ 时，会产生爬行现象。（   ）

四、简答题

1. 液压系统运行初期的故障有哪些？

2. 液压元件的常见故障主要有哪几个方面？

3. 电液换向阀出现电磁铁噪声较大故障时，应如何排除？

4. 减压回路中出现减压阀不减压故障的主要原因是什么？如何排除？

5. 液压系统在装配调试和运行中，常会出现哪些系统故障？

6. 液压系统出现故障的原因主要有哪些方面？

期中考试试卷

一、填空题（本大题共有 8 小题，每空 1 分，共 25 分；请将正确答案填写在空白处）

1. 液压传动是以_____为工作介质来传递能量的一种传动形式；气压传动是以_____为工作介质来传递能量的一种传动形式。总之，液压与气压传动利用_____作为介质，进行能量的_____。

2. 一个完整的液压与气压传动系统主要由_____、_____、_____、_____和_____五个基本部分组成。

3. 液压系统的主要参数是_____和_____，它们是设计液压系统、选择液压元件的主要依据。

4. 在液压管路中，液体的压力损失可分为_____和_____两种。

5. 液压泵是液压系统的_____，它把电动机的_____转换成液体的_____，从而为系统提供动力。

6. 容积式液压泵按其结构形式，可分为_____、_____、_____和_____等类型。

7. 叶片泵按其输出流量是否可调节，分为_____和_____两类。

8. 液压控制阀按其在系统中所起的作用，可分为_____、_____和_____三大类。

二、选择题（本大题共有 10 小题，每题 2 分，共 20 分；在每小题所给出的三个选项中，选出一个正确答案并填在括号内）

1. 在千斤顶举升过程中，当作用于千斤顶的作用力不变，而需要举起更重的物体时，可增大（　　　）。

　A. 大小活塞的面积比　　　B. 小活塞的面积　　　C. 大活塞的面积

2. 在液体流动中，因某点压力低于空气分离压力而产生大量气泡的现象，称为（　　　）。

　A. 层流　　　　　　　　　B. 液压冲击　　　　　C. 空穴现象

3. 当温度升高时，油液的黏度（　　　）。

　A. 下降　　　　　　　　　B. 增加　　　　　　　C. 没有变化

4. 液压泵在液压系统中属于（　　　）。

　A. 动力元件　　　　　　　B. 执行元件　　　　　C. 控制元件

5. 液压泵的理论流量（　　　）实际流量。

　A. 大于　　　　　　　　　B. 小于　　　　　　　C. 等于

6. 双作用叶片泵的转子每转一周，吸油、压油各（　　　）次。

　A. 1　　　　　　　　　　B. 2　　　　　　　　　C. 3

7. 单出杆双作用液压缸能实现快速运动，多用于空行程的连接方式是（　　　）。

　A. 无杆腔进油　　　　　　B. 有杆腔进油　　　　C. 差动连接

8. 中位机能是（　　　）型的换向阀在中位时可实现系统卸荷。

A. M   B. P   C. Y

9. 减压阀控制的是（ ）处的压力。

A. 进油口   B. 出油口   C. 回油口

10. 活塞面积不变，当流经液压缸的流量增大时，执行元件的速度会（ ）。

A. 变快   B. 变慢   C. 没有变化

三、判断题（本大题共有 10 小题，每题 1 分，共 10 分；在括号内对的打"√"，错的打"×"）

1. 液压传动与机械传动相比，传动比较平稳，故广泛应用于要求传动平稳的机械上。（ ）

2. 在使用过程中，要注意防止气体进入液压油，水分进入液压油中则影响不大。（ ）

3. 在液压系统（密闭的容器）中，压力是以等值传递的。（ ）

4. 液压油流过不同截面的通道时，流速与截面面积成反比。（ ）

5. 外啮合齿轮泵，当齿与齿进入啮合时，油液从齿间被挤出输入系统而形成压油。（ ）

6. 为了保证液压泵吸油充分，油箱必须和大气相通。（ ）

7. 液压马达与液压泵结构相似，两者完全可以通用。（ ）

8. 液压缸活塞的运动速度只取决于压力的大小。（ ）

9. 间隙密封适合速度较快、压力不高、尺寸较小的液压缸使用。（ ）

10. 液压缸设置缓冲装置主要是为了避免缸内压力陡然变大。（ ）

四、简答题（本大题共有 5 小题，每题 5 分，共 25 分）

1. 液压与气压传动的基本工作原理是什么？

2. 管路中的压力损失有哪几种？它们是如何产生的？

3. 从液压泵的工作原理看，容积式液压泵工作的必备条件有哪些？

4. 简要说明外啮合齿轮泵的工作原理。

5. 试比较溢流阀、减压阀、顺序阀（内控外泄式）三者之间的异同点。

五、问答题 （本大题共有 2 小题，每题 10 分，共 20 分）

1. 说出液压与气压传动的主要优缺点。

2. 在图 14 所示的油压机回路中，滑块和活塞的总重量 $G = 25kN$，活塞的有效面积 $A_1 = 300cm^2$，活塞杆的面积 $A_2 = 100cm^2$，顺序阀的调定压力 $p_s = 3MPa$。试问在图示位置时，不计摩擦损失，滑块会不会因为自重而下滑？

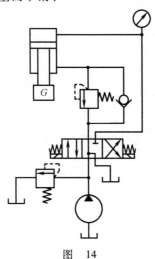

图 14

期末考试试卷

一、**填空题**（本大题共有 9 小题，每空 1 分，共 25 分；请将正确答案填写在空白处）

1. 在液压与气压传动系统中，将机械能转换成流体的压力能的装置称为＿＿＿＿＿＿＿，主要包括＿＿＿＿＿＿＿和＿＿＿＿＿＿＿。

2. 在液压（气压）传动系统中，＿＿＿＿＿＿＿是传递能量和信号的流体，如液压油或＿＿＿＿＿＿＿。

3. 按阀的操纵方式来分，换向阀可以分为＿＿＿＿＿、＿＿＿＿＿、＿＿＿＿＿、＿＿＿＿＿和＿＿＿＿＿五种类型。

4. 流量控制阀可通过改变阀口＿＿＿＿＿＿＿＿＿调节其流量，以控制执行元件的＿＿＿＿＿＿＿，常用的流量控制阀有＿＿＿＿＿＿＿和＿＿＿＿＿＿＿等。

5. 采用＿＿＿＿＿＿＿卸荷是工程机械最常用的卸荷方式，常用＿＿＿＿＿＿＿或＿＿＿＿＿＿＿中位机能的三位换向阀处于中位时实现液压泵卸荷。

6. 液压系统的调速方式有以下三种：＿＿＿＿＿＿＿、＿＿＿＿＿＿＿和＿＿＿＿＿＿＿。

7. 气压传动系统所使用的压缩空气必须经过＿＿＿＿＿＿＿和＿＿＿＿＿＿＿进行干燥与净化处理后才能使用。

8. 在气缸有效行程较长、速度较快、惯性大的情况下，为避免活塞运动到终点时撞击缸盖，往往需要采用＿＿＿＿＿＿＿来消除冲击力，该回路其实是一种＿＿＿＿＿＿＿。

9. 在气动回路中，采用气-液转换器或气-液阻尼缸后，就相当于把气压传动转换为＿＿＿＿＿＿＿。

二、**选择题**（本大题共有 10 小题，每题 2 分，共 20 分；在每小题所给出的三个选项中，选出一个正确答案并填在括号内）

1. 液压马达在液压系统中属于（　　　）。
   A. 动力元件　　　　　B. 执行元件　　　　　C. 控制元件

2. 在液压系统中，可利用是（　　　）型中位机能的换向阀实现液压缸锁紧。
   A. M　　　　　　　　B. P　　　　　　　　C. Y

3. 在液压系统中，溢流阀是对液压泵（　　　）处的压力进行控制，达到稳压或限压的目的。
   A. 进油口　　　　　B. 出油口　　　　　C. 回油口

4. 卸荷回路的功用是在液压泵电动机不频繁起停的情况下，使液压泵在（　　　）情况下运转，从而减少功耗，延长设备寿命。
   A. 很高压力　　　　B. 工作压力　　　　C. 很低压力

5. 平衡回路可以在液压缸下行油路上设置（　　　）产生适当阻力，平衡自重。
   A. 溢流阀　　　　　B. 顺序阀　　　　　C. 减压阀

6. 液控顺序阀相较于单向顺序阀控制的平衡回路，（　　　）
   A. 工作更安全可靠　B. 容易产生泄漏　　C. 两者没有区别

7. 按工作原理分，膜片式空气压缩机属于（　　）。

A. 往复式　　　　　B. 旋转式　　　　　C. 离心式

8. 在气动系统中，（　　）把压缩空气的压力能转换成机械能，从而驱动机构运动。

A. 控制元件　　　　B. 辅助元件　　　　C. 执行元件

9. （　　）是依靠气路中压力的变化来控制执行元件按顺序动作的压力控制阀。

A. 减压阀　　　　　B. 顺序阀　　　　　C. 流量阀

10. 当气缸驱动大负载并进行长行程、高速运动时，需要用（　　）来消除冲击力。

A. 缓冲回路　　　　B. 压力控制回路　　　C. 快速运动回路

三、判断题（本大题共有 10 小题，每题 1 分，共 10 分；在括号内对的打"√"，错的打"×"）

1. 在液压系统（密闭的容器）中，压力是以等值传递的。（　　）

2. 为了保证液压泵吸油充分，油箱必须和大气相通。（　　）

3. 节流调速回路主要是对变量泵供油的系统进行速度调节。（　　）

4. 容积节流调速结合了节流调速和容积调速的优点，既能高效工作，又具备较好的运动平稳性。（　　）

5. 利用差动连接，可以组建快速运动回路系统。（　　）

6. 锁紧回路可以防止液压缸在停止时因外界影响而发生漂移或窜动，是重要的安全回路。（　　）

7. 气缸可以驱动机构实现往复直线运动、摆动或旋转运动。（　　）

8. 气动执行元件主要有气缸和气马达。（　　）

9. 气-液阻尼缸的速度控制回路可以获得比较平稳的运动速度。（　　）

10. 在双手操作安全控制回路中，按下两个起动用手动阀中的任意一个都能使回路动作。（　　）

四、简答题（本大题共有 5 小题，每题 5 分，共 25 分）

1. 简述柱塞式液压缸和伸缩套筒式液压缸的功能与应用场合。

2. 溢流阀在液压系统中有何用途？

3. 什么是液压基本回路？常见的液压基本回路有哪几类？各起什么作用？

4. 简述气动系统中压力控制基本回路的功能、常见类型及其应用场合。

5. 气动执行元件的常见故障主要有哪些？原因是什么？

五、问答题（本大题共有 2 小题，每题 10 分，共 20 分）

1. 什么是三位换向阀的中位机能？常见的有哪些形式？分别能实现什么功能？

2. 图 15 所示为液压顺序动作回路，请说明其工作原理。

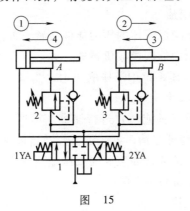

图　15

答　案

单元一　液压与气压传动的认识

一、填空题

1. 流体；运动传递；能量转换
2. 动力元件；执行元件；控制元件；辅助元件；传动介质
3. 动力元件；液压泵；空气压缩机
4. 压力；流量；运动方向
5. 工作介质；液压油；压缩空气
6. 质量；体积；惯性；动作
7. 过载保护
8. 系列化；标准化；通用化
9. 150
10. 帕斯卡（或静压力传递）；水压机；水压机

二、选择题

1. A　2. B　3. C　4. C　5. B　6. B　7. A　8. C　9. C　10. A

三、判断题

1. √　2. ×　3. √　4. ×　5. √　6. √　7. ×　8. √　9. √　10. √

四、简答题

1. 答：液压与气压传动都是借助于密封容积的变化，利用流体的压力能与机械能之间的转换来传递能量的。液压泵（空气压缩机）将电动机的机械能转换为流体的压力能，然后通过液压缸或液压马达（气缸或气马达）将流体的压力能再转换为机械能以推动负载运动。

2. 答：一个完整的液压与气压传动系统主要由动力装置、执行元件、控制元件、辅助元件和传动介质五大基本部分组成。

1）动力装置是将机械能转换成流体的压力能的装置，如液压泵、空气压缩机等。

2）执行元件是将流体的压力能转换成机械能，如液（气）压缸、液（气）压马达等。

3）控制元件是对液（气）压系统中流体的压力、流量和流动方向进行控制与调节的装置，如溢流阀、节流阀、换向阀等。

4）辅助元件是对工作介质（油或气）进行储存、输送、净化、润滑、测量以及用于元件间连接的装置，如油箱、过滤器、消声器、油雾器、蓄能器、压力计、流量计等。

5）传动介质是传递能量的流体，如液压油或压缩空气等。

3. 答：（1）液压与气压传动的主要优点

1）质量小、体积小、反应快。

2）控制方便。

3）易于实现自动化。

4）便于实现"三化"，即系列化、标准化和通用化。

5）便于实现过载保护，使用安全、可靠。

（2）液压与气压传动系统的主要缺点

1）制造成本高。

2）实现定比传动困难。

3）维护要求高。

五、应用题

答：1—杠杆手柄；2—小活塞；3、4—单向阀；5—放油阀；6—大活塞；7—油箱。工作原理：当抬起杠杆手柄1，使小活塞2向上移动，活塞下腔密封容积增大形成局部真空时，单向阀3打开，油箱7中的油液在大气压的作用下通过吸油管进入活塞下腔，完成一次吸油动作。当用力压下手柄时，小活塞2下移，其下腔密封容积减小，油压升高，单向阀3关闭，单向阀4打开，油液进入举升缸下腔，驱动大活塞6使重物G上升一段距离，完成一次回油动作。反复地抬、压手柄，就能使油液不断地被压入举升缸，使重物不断升高，达到起重的目的。如果将放油阀5旋转90°，大活塞6可以在自重和外力的作用下实现回程。

单元二 液压传动基础知识

一、填空题

1. 液压油；乳化型传动液；合成型传动液

2. 黏度；摩擦阻力的大小；流动性

3. 动力黏度；运动黏度；相对黏度

4. 恩氏黏度；赛氏黏度；雷氏黏度

5. 40；运动

6. 降低；增加

7. 液压油；质量；黏度

8. 压力；流量

9. 液体静压力；压强；压力

10. N/m^2；Pa；MPa

11. 绝对压力；相对压力

12. 无黏性；不可压缩

13. m^3/s；L/min

14. 层流；湍流；雷诺数

15. 直径；流速；运动黏度

16. 沿程压力损失；局部压力损失

17. 流量；压力；调速；调压

18. 薄壁小孔；油温；黏度

19. 缩短；弯曲；内壁

20. 阀芯；环状

二、选择题

1. A　2. B　3. A　4. C　5. B　6. C　7. B　8. B　9. B　10. C

11. A　12. B　13. C　14. A　15. C　16. C

三、判断题

1. ×　2. √　3. ×　4. √　5. ×　6. √　7. √　8. ×　9. √　10. √

四、简答题

1. 答：液体在外力作用下流动（或有流动趋势）时，液体与固体壁间的附着力和液体分子间的内聚力会阻碍其分子的相对运动，即具有一定的内摩擦力，这种性质称为液体的黏性。

黏性的大小用黏度表示。黏度表示流体运动时分子间摩擦阻力的大小，是评定液压油流动性的指标。常用的黏度有三种，即动力黏度、运动黏度和相对黏度。

2. 答：为了很好地传递运动和动力，同时起到润滑和散热的作用，液压系统要求液压油具备以下性能：

1）合适的黏度、较好的黏温特性。

2）润滑性能好，以减少液压元件中相对运动表面的磨损。

3）质地纯净，杂质少。

4）抗泡沫性好，抗乳化性好，腐蚀性小，缓蚀性好。

5）热安定性和氧化安定性好。

6）对密封件、软管、涂料等有较好的相容性。

7）闪点和燃点高，流动点和凝点低。

8）体胀系数低，比热容高。

9）对人体无害，成本低。

3. 答：液体的流动有两种状态，即层流和湍流。

（1）层流　层流是指液体流动时形成线状或层状的流动。

（2）湍流　湍流是指液体流动时形成混乱状或散乱状的流动。

其判别方法如下：工程中是以临界雷诺数 Re_c 作为液流状态判断依据，$Re < Re_c$ 时，液流为层流；$Re \geqslant Re_c$ 时，液流为湍流。常见金属圆管的临界雷诺数 $Re_c = 2300$。

4. 答：管路中液体压力损失可分为两种，一种是沿程压力损失，另一种是局部压力损失。

其产生的原因为：实际液体具有黏性，并且液体在流动时会产生撞击和出现旋涡等，因而液体流动时会有阻力。为了克服阻力，就会造成一部分能量损失。在液压管路中，能量损失表现为液体压力损失。

五、计算题

1. 解：1）如图 2a 所示，其受力面积为柱塞面积，此时液体压力为

$$P = \frac{F}{A_1} = \frac{F}{\frac{\pi}{4}d^2} = \frac{4 \times 40000}{3.14 \times 0.1^2} \mathrm{Pa} \approx 5.10 \times 10^6 \mathrm{Pa} = 5.10 \mathrm{MPa}$$

2）如图 2b 所示，其受力面积为液压缸面积，此时液体压力为

$$P=\frac{F}{A_2}=\frac{4F}{\frac{\pi}{4}D^2}=\frac{4\times40000}{3.14\times0.2^2}\text{Pa}\approx1.27\times10^6\text{Pa}=1.27\text{MPa}$$

2. 解：（1）油液在进油管中的流动状态　进油管的油流速度为

$$v=\frac{q}{A}=\frac{q}{\frac{\pi}{4}d^2}=\frac{25\times10^3}{\frac{\pi}{4}\times3^2\times60}\text{cm/s}=59\text{cm/s}$$

因为油液的运动黏度 $\nu=20\times10^{-6}\text{m}^2/\text{s}=0.2\text{m}^2/\text{s}$，则有

$$Re=\frac{vd}{\nu}=\frac{3\times59}{0.2}=885$$

$Re_c=2300$，$Re<Re_c$，说明油液在进油管中为层流运动状态，因此可用伯努利方程求出液压泵进油口的真空度。

（2）液压泵进油口处的真空度　以油箱液面为基准液面，假设泵的进油口高度为 h_2、流速为 v_2、压力为 p_2，分析油箱液面及泵的进油口两处的情况，建立实际液体的伯努利方程，有

$$\frac{p_1}{\rho}+gh_1+\frac{\alpha_1v_1^2}{2}=\frac{p_2}{\rho}+gh_2+\frac{\alpha_2v_2^2}{2}+gh_w$$

油箱液面为基准液面，故 $h_1=0$，$h_2=0.4\text{m}$；不计压力损失，故 $h_w=0$；$Re<Re_c$，为层流状态，故动能修正系数 $\alpha_1=\alpha_2=2$；油箱液面与大气接触，故 p_1 为大气压力，即 $p_1=p_a$；$v_1=0$（因为截面积大，流速不明显）。所以上式可简化为

$$\frac{p_a}{\rho}=\frac{p_2}{\rho}+gh+\frac{\alpha_2v_2^2}{2}$$

液压泵进油口处的真空度为

$$p_a-p_2=\rho gh+\frac{\rho\alpha_2v_2^2}{2}=\left(900\times9.8\times0.4+\frac{900\times2\times0.59^2}{2}\right)\text{Pa}=3.8\text{kPa}$$

3. 解：先判断流到状态，$Re=\frac{vd}{\nu}=\frac{3.2\times10\times10^{-3}}{40\times10^{-6}}=800<2300$，为层流状态。对于金属圆管层流，沿程阻力系数 $\lambda=\frac{75}{Re}=0.09$。沿程压力损失为

$$\Delta p_\lambda=\lambda\frac{l}{d}\frac{\rho v^2}{2}=0.09\times\frac{6\times900\times3.2^2}{10\times10^{-3}\times2}\text{Pa}=248832\text{Pa}\approx0.25\text{MPa}$$

出口压力　　　　$p_2=p_1-\Delta p_\lambda=(3.5-0.25)\text{MPa}=3.25\text{MPa}$

单元三　液压元件

一、填空题

1. 动力元件；机械能；液压能

2. 齿轮泵；叶片泵；柱塞泵；定量泵；变量泵；单向泵；双向泵；低压泵；中压泵；高压泵

3. 工作压力；负载；小于或等于

4. 理论流量；实际流量；额定流量（公称流量）

5. 容积损失；机械损失；η_V；η_m

6. 外啮合；内啮合；密封容积；吸油；压油

7. 渐开线齿轮泵；摆线齿轮泵

8. 定量叶片泵；变量叶片泵

9. 两；定；变

10. 转子；定子；偏心 e；偏心方向

11. 径向柱塞泵；轴向柱塞泵；高；大；大

12. 自吸补油泵

13. 压力；流量

14. 液压马达；液压缸

15. 旋转运动；齿轮式；叶片式；柱塞式

16. 直线往复运动和摆动运动；活塞式；柱塞式；摆动式

17. 缸体固定；活塞杆固定

18. 无杆腔进油；有杆腔进油；差动连接

19. 不接触；长行程；双向

20. 往复摆动；300°；150°

21. 多级；活塞缸；行程；结构

22. 齿条；往复摆动；间歇进给

23. 油液泄漏；工作压力；间隙密封；密封圈密封

24. O 形；Y 形；V 形

25. 缓冲

26. 排气阀；排气塞

27. 方向控制阀；压力控制阀；流量控制阀

28. 单向阀；换向阀

29. 方框；方框；五；三

30. 手动；机动；电动；液动；电液动

31. 溢流阀；顺序阀；减压阀；压力继电器

32. 先导阀；主阀

33. 电信号；程序控制；起安全保护作用

34. 通流面积；运动速度；节流阀；调速阀

35. 二通插装阀；逻辑阀；插装式方向阀；插装式压力阀；插装式流量阀

36. 钢管；铜管；橡胶软管

37. 扩口；焊接；卡套

38. 网式；线隙式；烧结式

39. 活塞式；气囊式

40. 储存油液；散热；空气

二、选择题

1. B 2. A 3. C 4. A 5. A 6. A 7. B 8. C 9. A 10. A

11. B　12. C　13. B　14. C　15. A　16. C　17. B　18. B　19. A　20. A

21. C　22. A　23. B　24. A　25. A

三、判断题

1. ×　2. √　3. ×　4. √　5. √　6. ×　7. √　8. ×　9. √　10. ×

11. √　12. ×　13. √　14. √　15. √　16. ×　17. √　18. ×　19. ×　20. √

21. ×　22. √　23. √　24. ×　25. √

四、简答题

1. 答：液压传动中，容积式液压泵通常可分为以下几种类型：

1）按液压泵结构形式，分为齿轮泵（外啮合式、内啮合式）、叶片泵（单作用式、双作用式）、柱塞泵（轴向式、径向式）等类型。

2）按液压泵的输出油液方向能否改变，分为单向泵和双向泵。

3）按液压泵的排量能否改变，分为定量泵和变量泵。

4）按液压泵额定压力的高低，分为低压泵、中压泵和高压泵。

2. 答：1）液压泵的工作压力是指液压泵在实际工作中输出油液的压力，即油液克服阻力而建立起来的压力。液压泵的额定压力是指液压泵在正常工作的条件下，按试验标准规定能连续运转的最高工作压力，即在液压泵铭牌上厂家标注的压力。

2）液压泵的工作压力和额定压力之间的关系为：液压泵的输出压力就是工作压力，而不是额定压力；工作压力应小于或等于额定压力。

3. 答：1）液压缸缓冲装置的主要作用是避免活塞运动到缸体终端时撞击端盖而产生冲击和噪声，影响加工精度，甚至引起破坏性事故，因此大型、高速或高精度液压缸中都应设置缓冲装置。

2）缓冲装置的工作原理：当活塞接近端盖时，对液压缸的回油进行节流，以增大回油阻力，降低活塞运动速度，避免撞击液压缸端盖。

4. 答：1）为了改变液流方向，阀芯相对于阀体应有不同的工作位置，这个工作位置数叫作"位"。职能符号中的方格表示工作位置，有几个工作位置就相应地有几个格数，即位数。

2）当阀芯相对于阀体运动时，可改变各油口之间的连通情况，从而改变液体的流动方向。通常把换向阀与液压系统油路相连的油口数（主油口）叫作"通"。

5. 答：溢流阀在液压系统中很重要，特别是定量泵系统，没有溢流阀几乎不可能工作。溢流阀的主要用途有四点：①调压溢流；②用作背压阀；③安全保护；④用作卸荷阀。

6. 答：相同点：溢流阀、减压阀和顺序阀都属于压力控制阀，都是由液压力与弹簧力进行比较来控制阀口动作。

不同点：溢流阀是对进油口压力进行控制，保持进油口压力基本稳定；减压阀是对出油口油压进行控制，在进油口油压大于减压阀设定压力值时，通过减压保持出油口压力基本恒定；顺序阀在结构上和溢流阀较为类似，区别在于顺序阀的出油口应接执行元件。

7. 答：因为调速阀由定差减压阀和节流阀组合而成，节流阀用来调节流量，减压阀则用来补偿负载导致的压差变化对流量的影响，保证节流阀前后压力差不变，使其不受负载影响，从而使速度稳定，所以其调速性能比节流阀好。

8. 答：1）当1YA得电时，换向阀4处于左位，此时液压泵的工作压力为溢流阀2的调定压力 4.5MPa。

2）当 1YA 和 2YA 都失电时，换向阀 4 处于中位，此时液压泵的工作压力为溢流阀 1 的调定压力 6MPa。

3）当 2YA 得电时，换向阀 4 处于右位，此时液压泵的工作压力为溢流阀 3 的调定压力 3MPa。

五、计算题

1. 解：1）液压泵的输出功率为

$$P_{出} = PQ = 20 \times 10^5 \times 4.0 \times 10^{-4} \, \text{W} = 800 \text{W}$$

2）驱动该泵的电动机的额定功率为

$$N_{电动机} = \frac{P_{出}}{\eta_{总}} = \frac{800}{0.8} \text{W} = 1000 \text{W}$$

2. 解：1）在无腔杆进油时

$$F_1 = pA_1 = 20 \times 10^5 \times 100 \times 10^{-4} \, \text{N} = 2 \times 10^4 \, \text{N}$$

$$v_1 = \frac{q}{A_1} = \frac{40 \times 10^{-3}}{60 \times 100 \times 10^{-4}} \text{m/s} = 0.067 \text{m/s}$$

2）有腔杆进油时

$$F_2 = pA_2 = 20 \times 10^5 \times 40 \times 10^{-4} \, \text{N} = 8 \times 10^3 \, \text{N}$$

$$v_2 = \frac{q}{A_2} = \frac{40 \times 10^{-3}}{60 \times 40 \times 10^{-4}} \text{m/s} = 0.17 \text{m/s}$$

3）差动连接时

$$F_3 = p(A_1 - A_2) = 20 \times 10^5 \times (100 - 40) \times 10^{-4} \, \text{N} = 1.2 \times 10^4 \, \text{N}$$

$$v_3 = \frac{q}{(A_1 - A_2)} = \frac{40 \times 10^{-3}}{60 \times (100 - 40) \times 10^{-4}} \text{m/s} = 0.11 \text{m/s}$$

3. 答：两个液压缸中的压力分别为

$$p_1 = \frac{F_1}{A_1} = \frac{1.6 \times 10^4}{4 \times 10^{-3}} \text{Pa} = 4 \times 10^6 \text{Pa}$$

$$p_2 = \frac{F_2}{A_2} = \frac{0.5 \times 10^4}{2.5 \times 10^{-3}} \text{Pa} = 2 \times 10^6 \text{Pa}$$

液压泵在工作中依据系统液压缸的动作情况有三种压力，分别是：当泵的出口压力升到 $2 \times 10^6 \text{Pa}$ 时，缸 II 动作，即缸 II 先动作；缸 II 碰到止位钉时系统压力上升，当泵的出口压力升到 $4 \times 10^6 \text{Pa}$ 时，缸 I 动作，即缸 I 后动作；缸 I 碰到止位钉时系统压力继续上升，当达到 $5.5 \times 10^6 \text{Pa}$ 时溢流阀动作，泵的出口压力维持此值不变。

单元四　液压回路及系统

一、填空题

1. 特定功能；压力控制回路；速度控制回路；方向控制回路

2. 保压；卸荷；减压；增压；平衡

3. 很低压力；减少功率损耗；降低系统发热

4. 滑阀机能；M 型；H 型

5. 运动速度；速度切换；调速回路；快速运动回路；速度换接回路

6. 节流调速；容积调速；容积节流调速

7. 增速回路；运动速度

8. 方向控制回路；换向回路；锁紧回路

9. 顺序动作回路；同步回路；多缸快慢速互不干扰回路

10. 行程控制；压力控制

二、选择题

1. A 2. B 3. B 4. A 5. C 6. C 7. A 8. B 9. A 10. B

11. C 12. A 13. A 14. B 15. C 16. A 17. B 18. C 19. A 20. B

三、判断题

1. √ 2. × 3. √ 4. × 5. √ 6. √ 7. √ 8. × 9. × 10. ×

11. √ 12. √ 13. √ 14. × 15. √

四、简答题

1. 答：由某些液压元件组成的、用来完成特定功能的典型回路，称为液压基本回路。常见的液压基本回路有三大类：

1）方向控制回路。它在液压系统中的作用是控制执行元件的起动、停止或改变运动方向。

2）压力控制回路。它的作用是利用压力控制阀来实现系统的压力控制，用来实现稳压、减压、增压和多级调压等控制，满足执行元件在力或转矩上的要求。

3）速度控制回路。它是液压系统的重要组成部分，用来控制执行元件的运动速度。

2. 答：快速运动回路又称增速回路，其功用是使执行元件在空行程时获得所需的高速运动，以提高系统的工作效率或充分利用功率。

常用的快速运动回路有差动连接的快速运动回路、双泵供油的快速运动回路和采用蓄能器的快速运动回路。

五、思考题

1. 答：1）YA 断电，负载为无限大时，压力表读数为 5MPa。

2）YA 断电，负载压力为 3MPa 时，压力表读数为 3MPa。

3）YA 通电，负载压力为 2MPa 时，压力表读数为 0。

2. 答：1）A、B 点压力为 2MPa，两阀均处于不工作状态。

2）A 点压力为 3MPa，B 点压力为 5MPa，两阀均处于工作状态。

3. 答：在图 9a 中，三个溢流阀串联。当负载趋于无穷大时，三个溢流阀必须都工作，则

$$p_\text{泵} = p_A + p_B + p_C = 12\text{MPa}$$

在图 9b 中，三个溢流阀并联。当负载趋于无穷大时，A 必须工作，而 A 的溢流压力取决于远程调压阀 B，B 则取决于 C，所以 $p_\text{泵} = p_C = 3\text{MPa}$。

4. 答：图 10a 是利用三位四通换向阀的 O 型中位机能将液压缸左右两腔封闭，液压缸可以在任意位置锁紧。此回路由于换向阀的泄漏，锁紧精度不高。

图 10b 是利用两个液控单向阀组装成液压锁实现锁紧的回路。这种回路由于液压锁的良好密封性，能使执行元件长期锁紧，适用于锁紧精度要求较高的液压系统，如汽车起重机支腿油路等。

5. 答：

	1YA	2YA	3YA	4YA
快进	+	−	+	−
慢进	+	−	−	−
快退	−	+	−	+
卸荷	+	−	−	+
或	−	+	+	−

单元五 气压传动基础知识

一、填空题

1. 黏性；黏度

2. 水分；绝对湿度；相对湿度

3. 空气压缩机；净化管道系统

4. 低压型；中压型；高压型；容积式；速度式

5. 工作压力；流量

6. 后冷却器；油水分离器；储气罐；干燥器；空气过滤器

7. 油水分离器；干燥器

8. 空气压缩机；后冷却器；减压阀；换向阀；换向阀

9. 空气过滤器；减压阀；油雾器

10. 往复直线运动；摆动；旋转运动；冲击动作

11. 气缸；气马达；气缸；气马达

12. 活塞式气缸；薄膜式气缸；摆动式（叶片式）气缸

13. 膜片；膜盘；活塞杆

14. 减压阀；顺序阀；溢流阀

15. 压力；单向阀；单向顺序阀

16. 气动换向阀；电磁换向阀；机动换向阀

17. 单向阀；梭阀；快速排气阀

18. 单向阀；或

19. 气缸运动速度；换向阀；气缸

20. 开关部分；控制部分；或门；与门；非门

二、选择题

1. A 2. C 3. A 4. B 5. B 6. A 7. C 8. C 9. B 10. B

11. C 12. A

三、判断题

1. √   2. √   3. ×   4. √   5. ×   6. ×   7. √   8. √   9. ×   10. ×

11. √   12. √   13. ×   14. √   15. ×   16. √   17. ×   18. √   19. √   20. √

四、简答题

1. 答：压缩空气净化设备一般包括后冷却器、油水分离器、储气罐和干燥器。后冷却器安装在空气压缩机出口管道上，它将压缩空气中的油雾和水汽达到饱和，使其大部分凝结成滴而析出。油水分离器安装在后冷却器后的管道上，其作用是分离压缩空气中所含的水分、油分等杂质，使压缩空气得到初步净化。储气罐的主要作用是储存一定量的压缩空气，减少气源输出时的气流脉动，增加气流的连续性，进一步分离压缩空气中的水分和油分。干燥器的作用是进一步除去压缩空气中所含的水分、油分、颗粒杂质等，使压缩空气变得干燥。

2. 答：气马达在使用中必须得到良好的润滑。一般在整个气动系统回路中，在气马达控制阀前设置油雾器，并按期补油，使油雾混入空气后进入气马达，从而达到充分润滑的目的。

气缸安装前应在 1.5 倍工作压力下进行试验，不应漏气；装配时，所有工作表面应涂以润滑脂；气源进口处必须设置油雾器，并在灰尘大的场合安装防尘罩；尽量不使用满行程。

3. 答：气源处理装置（气动三联件）是气动系统中压缩空气质量的重要保证，其顺序为空气过滤器、减压阀和油雾器。图 12a 用于气阀和气缸的系统，三联件的顺序有误，油雾器应放在减压阀和压力表之后；图 12b 用于逻辑元件系统，不应设置油雾器，因为润滑油会影响逻辑元件正常工作，另外减压阀图形符号缺少控制油路。

4. 答：在气动控制系统中，压力控制阀按其控制功能，可分为减压阀、顺序阀和溢流阀（安全阀）。其共同特点是利用作用于阀芯上的压缩空气压力和弹簧力相平衡的原理来工作。

调压阀的主要作用：保证每台装置所需的压力，并使减压后的压力稳定在所需压力值上。

顺序阀的主要作用：依靠气路中压力的作用来控制执行元件按顺序动作。

溢流阀（安全阀）的主要作用：限制气压系统回路中的最高压力。

5. 答：排气节流阀的主要作用是调节排入大气中的气体流量，不仅调节执行机构的运动速度，而且常带有消声器，能降低排气噪声。

普通节流阀通常安装在气路系统中间调节气体的流量，而排气节流阀只能安装在气动元件的排气口处。

单元六　气动回路

一、填空题

1. 换向（方向控制）；压力控制；速度控制；安全保护

2. 压力保持；一次压力控制回路；二次压力控制回路；高低压转换回路

3. 储气罐内；空气过滤器；减压阀

4. 气源进口处；空气过滤器；减压阀；油雾器

5. 供气调速；排气调速

6. 活塞；缓冲；减速

7. 气-液转换器；气-液阻尼缸；调节稳定运动平稳

8. 气缸；液压缸

9. 双手操作安全保护回路；过载保护回路

10. 自动化；单往复动作回路；连续往复动作回路

二、选择题

1. B　2. C　3. A　4. B　5. C　6. A　7. C　8. B

三、判断题

1. √　2. ×　3. ×　4. ×　5. √　6. ×　7. √　8. √

四、简答题

1. 答：一次压力控制回路用于控制储气罐的压力，使其不超过规定的压力值。二次压力控制回路主要保证气源进口处的气体压力为一稳定值，通常由空气过滤器、减压阀和油雾器组成。

2. 答：安全保护回路中不可缺少的装置有过滤器和油雾器。因为脏污的空气中含有杂物，可能堵塞阀中的小孔与通路，使气路发生故障，因此需要使用过滤器。而缺乏润滑油很可能使阀发生卡死或磨损，以致整个系统都不能够正常使用，因此需要使用油雾器。

五、思考题

1）1—脚踏换向阀；3—节流阀；4—行程阀；6—主控阀；7—单向节流阀。

2）该工件夹紧气动系统的功能：当工件进入指定位置后，气缸 A 的活塞杆伸出，将工件定位锁紧，然后两侧气缸 B 和 C 的活塞杆同时伸出，从两个侧面水平夹紧工件，而后进行机械加工，加工完成后各缸退回，将工件松开。

3）该工件夹紧气动系统的动作循环过程：气缸 A 活塞杆压下（定位锁紧）→夹紧缸 B、C 活塞杆伸出夹紧（同时机床对工件进行加工）→（工件加工完毕）夹紧气缸 B、C 活塞杆返回→气缸 A 的活塞杆返回。

单元七　液压系统的故障诊断及排除

一、填空题

1. 液压；辅助

2. 初步诊断；仪器检测；综合确诊

3. 油液；橡胶件

4. 容积；压力；噪声

5. 电磁铁；滑阀

6. 无压力；压力；噪声

7. 调节；流量

二、选择题

1. B　2. C　3. C　4. A　5. C

三、判断题

1. √　2. ×　3. ×　4. √　5. ×

四、简答题

1. 答：液压设备经过调试阶段后，便进入正常生产运行初期阶段，此阶段的故障主要有：

1）管接头因振动而松脱。

2）密封件质量差，或由于装配不当而被损伤，造成泄漏。

3）管道或液压元件流道内的型砂、毛刺、切屑等污物在油流的冲击下脱落，堵塞阻尼孔和滤油器，造成压力和速度不稳定。

4）由于负荷大或外界散热条件差，使油液温度过高，引起泄漏，导致压力和温度发生变化。

2. 答：液压元件的常见故障可以概括为：

1）液压泵输油量不足、压力上不去、噪声及压力波动大等。

2）液压缸速度不稳定、运动爬行、推力不足、动作缓慢或不动作及缓冲性能差。

3）阀类元件调压失灵、流量调节失灵或流量不稳定及泄漏与噪声。

4）辅助元件密封破坏、连接不牢、压力计失灵及液压油污染变质。

3. 答：电液换向阀出现电磁铁噪声较大故障时，可以从以下四个方面进行排除：

1）修磨推杆。

2）更换弹簧。

3）清除污物，修整接触面。

4）更换电磁铁。

4. 答：减压回路中出现减压阀不减压故障的主要原因有：

1）减压阀阀芯阻尼孔堵塞。

2）回油阻力太大。

可以从以下两个方面进行排除：

1）清洗减压阀阀芯，疏通阻尼孔。

2）避免在回路上安装过滤器。

5. 答：液压系统在装配调试和运行中，常会出现以下系统故障：

1）内外泄漏严重。

2）执行元件运动速度不稳定。

3）执行元件动作失灵。

4）压力不稳定或控制失灵。

5）系统发热及执行元件同步精度差。

6. 答：液压系统的故障往往是诸多因素综合影响的结果，主要原因有：

1）液压油和液压元件选用、维护不当，使液压元件的性能损坏、失灵而引起故障。

2）设备年久失修，零件加工误差、装配、调整不当和运动磨损而引起故障。

3）管路及管接头连接不牢固，密封件损坏及油液污染等而引起故障。

4）回路设计不完善而引起故障。

期中考试试卷

一、填空题

1. 液体；压缩空气；流体；传递和控制

2. 动力装置；执行元件；控制元件；辅助元件；传动介质

3. 压力；流量

4. 沿程压力损失；局部压力损失

5. 动力元件；机械能；压力能

6. 齿轮泵；叶片泵；柱塞泵；螺杆泵

7. 定量叶片泵；变量叶片泵

8. 方向控制阀；压力控制阀；流量控制阀

二、选择题

1. A 2. C 3. A 4. A 5. A 6. B 7. C 8. C 9. B 10. A

三、判断题

1. √ 2. × 3. √ 4. √ 5. √ 6. √ 7. × 8. × 9. √ 10. ×

四、简答题

1. 答：液压与气压传动都是借助于密封容积的变化，利用流体的压力能与机械能之间的转换来传递能量的。液压泵（空气压缩机）将电动机的机械能转换为流体的压力能，然后再通过液压缸或液压马达（气缸或气马达）将流体的压力能转换为机械能以推动负载运动。

2. 答：管路中的压力损失可分为两种，一种是沿程压力损失，另一种是局部压力损失。

其产生的原因为：实际液体具有黏性，并且液体在流动时会产生撞击和出现旋涡等，因而液体流动时会有阻力。为了克服阻力，就会造成一部分能量损失。在液压管路中，能量损失表现为液体压力损失。

3. 答：从液压泵的工作原理可知，容积式液压泵工作的必备条件是：

1）具备一个或若干个能周期性变化的密封容积。

2）要有配油装置，以确保密封容积增大时从油箱吸油，容积减小时向系统压油。

3）吸油过程中，油箱必须和大气相通，这是吸油的必要条件。压油过程中，实际油压取决于输出油路中的阻力，即决定于外界负载，这是形成油压的条件。

4. 答：外啮合齿轮泵在泵体内有一对模数、齿数相同的齿轮，齿轮和泵体以及前后端盖间形成密封工作腔，而啮合线又把它们分隔为两个互不串通的吸油腔和压油腔。当齿轮旋转时，吸油腔内的轮齿不断脱开啮合，使其密封容积不断增大而形成一定真空，在大气压力作用下从油箱吸进油液，随着齿轮的旋转，齿槽内的油液被带到压油腔，压油腔内的轮齿不断进入啮合，使其密封容积不断减小，油液被压出。随着齿轮不断旋转，齿轮泵就不断地进行吸油和压油过程。

5. 答：相同点：溢流阀、减压阀和顺序阀都属于压力控制阀，都是对液压力与弹簧力进行比较来控制阀口动作。

不同点：溢流阀是对进油口压力进行控制，保持进油口压力基本稳定；减压阀是对出油口油压进行控制，在进油口油压大于减压阀设定压力值时，通过减压保持出油口压力基本恒定；顺序阀在结构上和溢流阀较为类似，区别在于顺序阀的出油口应接执行元件。

五、问答题

1. 答：与机械传动、电力拖动相比，液压与气压传动的优缺点如下：

1）液压与气压传动的主要优点。

① 质量小、体积小、反应快。

② 可实现无级调速，调速范围大，可在系统运行过程中调速，还可获得很低的速度。

③ 操作简单，调整控制方便，易于实现自动化。

④ 便于实现"三化"，即系列化、标准化和通用化。

⑤ 便于实现过载保护，使用安全、可靠。

2）液压与气压传动系统的主要缺点。

① 元件制作精度要求高，系统要求封闭、不泄气、不漏油，因此加工和装配的难度较大，使用和维护的要求较高。

② 实现定比传动困难，因此不适用于传动比要求严格的场合。

③ 系统出现故障时不易诊断。

2. 解：根据公式有

$$p = \frac{F}{A} = \frac{G}{A_1 - A_2} = \frac{25 \times 10^3 \text{N}}{(300 - 100) \times 10^{-4} \text{m}^2} = 1.25 \times 10^6 \text{Pa} = 1.25 \text{MPa}$$

即在静止状态下，液压缸施加给顺序阀的压力为 1.25MPa。

因为 $p < p_s$，所以滑块不会因自重而下滑。

期末考试试卷

一、填空题

1. 动力元件；液压泵；空气压缩机

2. 工作介质；压缩空气

3. 手动；机动；电动；液动；电液动

4. 通流面积；运动速度；节流阀；调速阀

5. 滑阀机能；M 型；H 型

6. 节流调速；容积调速；容积节流调速

7. 油水分离器；干燥器

8. 缓冲回路；减速回路

9. 液压传动

二、选择题

1. B　2. A　3. B　4. C　5. B　6. A　7. A　8. C　9. B　10. A

三、判断题

1. √　2. √　3. ×　4. √　5. √　6. √　7. ×　8. √　9. √　10. ×

四、简答题

1. 答：1）柱塞式液压缸的柱塞和缸筒内壁不接触，因此缸筒内孔不需要精加工，工艺性好，结构简单，适用于长行程工况，如龙门刨床、导轨磨床、大型拉床等。其缺点是需要成对使用。

2）伸缩套筒式液压缸由两个及两个以上的活塞缸套装而成。它的推力和速度是分级变化的。其特点是行程大而结构紧凑，适用于自卸汽车、起重机伸缩臂、火箭发射台及自动线的输送带等。

2. 答：溢流阀在液压系统中很重要，特别是定量泵系统，没有溢流阀几乎不可能工作。溢流阀的主要用途有四点：①调压溢流；②用作背压阀；③安全保护；④用作卸荷阀。

3. 答：由某些液压元件组成的、用来完成特定功能的典型回路，称为液压基本回路。

常见的液压基本回路有三大类：

1）方向控制回路。它在液压系统中的作用是控制执行元件的起动、停止或改变运动方向。

2）压力控制回路。它的作用是利用压力控制阀来实现系统的压力控制，用来实现稳压、减压、增压和多级调压等，满足执行元件在力或转矩上的要求。

3）速度控制回路。它是液压系统的重要组成部分，用来控制执行元件的运动速度。

4. 答：压力控制回路的功能是使系统保持在某一规定的压力范围内。常用的有一次压力控制回路、二次压力控制回路和高低压转换回路。

一次压力控制回路用于控制储气罐的压力，使其不超过规定的压力值；二次压力控制回路用于保证气动系统使用的气体压力为一稳定值，多由空气过滤器、减压阀和油雾器组成；高低压转换回路可根据需要输出低压或高压气源。

5. 答：由于气缸装配不当和长期使用，气动执行元件可能出现如下故障：

1）气缸出现内、外泄漏。其原因一般是活塞杆安装偏心、润滑不足、密封装置损坏等。

2）气缸输出动力不足和动作不平稳。其原因一般是活塞或活塞杆卡住、润滑不良、供气量不足，或缸内有冷凝水和杂质等。

3）气缸缓冲效果不良。其原因多是缓冲密封圈磨损或调节螺钉损坏。

4）气缸活塞杆和缸盖损坏。其原因多是活塞杆安装偏心或缓冲机构不起作用。

五、问答题

1. 答：滑阀式换向阀处于中间位置或原始位置时，阀中各油口的连通方式称为换向阀的滑阀机能。三位换向阀的阀芯处于中间位置时，各油口的连通方式体现了换向阀的控制机能，称为滑阀的中位机能或中位滑阀机能。

常见的中位机能有 O、H、P、Y 和 M 等，其图形符号分别如下图所示：

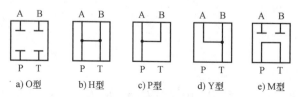

a) O型   b) H型   c) P型   d) Y型   e) M型

其中 O 型和 M 型可用于液压缸的锁紧；H 型和 M 型可实现液压泵的卸荷；P 型可用于差动连接，实现液压缸的快速移动；Y 型则可实现液压缸的浮动。

2. 答：在图示位置，电磁铁 1YA、2YA 均断电，换向阀 1 处于中位，A、B 两液压缸的活塞均处于左端位置。当电磁铁 1YA 通电、电磁换向阀 1 左位工作时，液压油先进入液压缸 A 的左腔，其右腔的油液经阀 2 中的单向阀回油，活塞右移，实现动作①；当活塞行至终点停止时，系统压力升高，待压力升高到阀 3 中顺序阀的调定压力时，顺序阀开启，液压油进入液压缸 B 的左腔，右腔回油，活塞右移，实现动作②；当电磁铁 2YA 通电、换向阀 1 右位工作时，液压油先进入液压缸 B 的右腔，其左腔的油液经阀 3 中的单向阀回油，活塞左移，实现动作③；当液压缸 B 的活塞左移至终点停止时，系统压力升高，当压力升高到阀 2 中顺序阀的调定压力时，顺序阀开启，液压油进入液压缸 A 的右腔，左腔回油，活塞左移，实现动作④。当液压缸 A 的活塞左移至终点时，可用行程开关控制电磁换向阀 1 断电换为中位停止，也可再使电磁铁 1YA 通电开始下一个工作循环。